U0130550

科普小天地

科學超有趣

宇宙

洋洋兔 編繪

前言

滿足孩子的好奇心
了解宇宙的奧秘

孩子們對於宇宙總是充滿了興趣和好奇，無論是天上的日月星辰，還是身邊四季的輪迴，都會讓他們感到新奇，產生疑問。

天上的奇妙景象是如何形成的？地球之外的世界是甚麼樣子的？宇宙中蘊含着怎樣的規律？當孩子們對身邊的自然現象產生了疑問，而又不能及時得到答案時，他們需要的是一本能夠容易看懂、有趣、輕鬆解決他們心中無數個「為甚麼」的宇宙知識書。

《科學超有趣：宇宙》就是這樣的宇宙知識書，它能幫助孩子們解決種種疑惑，幫助孩子們在奇妙的宇宙世界中遨遊和探索。

本書以趣味性極強的情景漫畫和通俗易懂的語言文字揭示出了宇宙的神奇。**它不僅能夠開拓孩子們的視野，還能給孩子們帶來更多的學習興趣，培養孩子們獨立自主的學習能力。**

目錄

宇宙遨遊

走近月亮

奇妙的現象

太陽和太陽系

認識宇宙

人們根據星體在天球上的投影作出的宇宙示意圖。
地球是太陽系八大行星之一，在浩渺的宇宙當中，它顯得極其微小。
銀河系是室女座超星系團的一部份，無數的超星系團構成了宇宙。

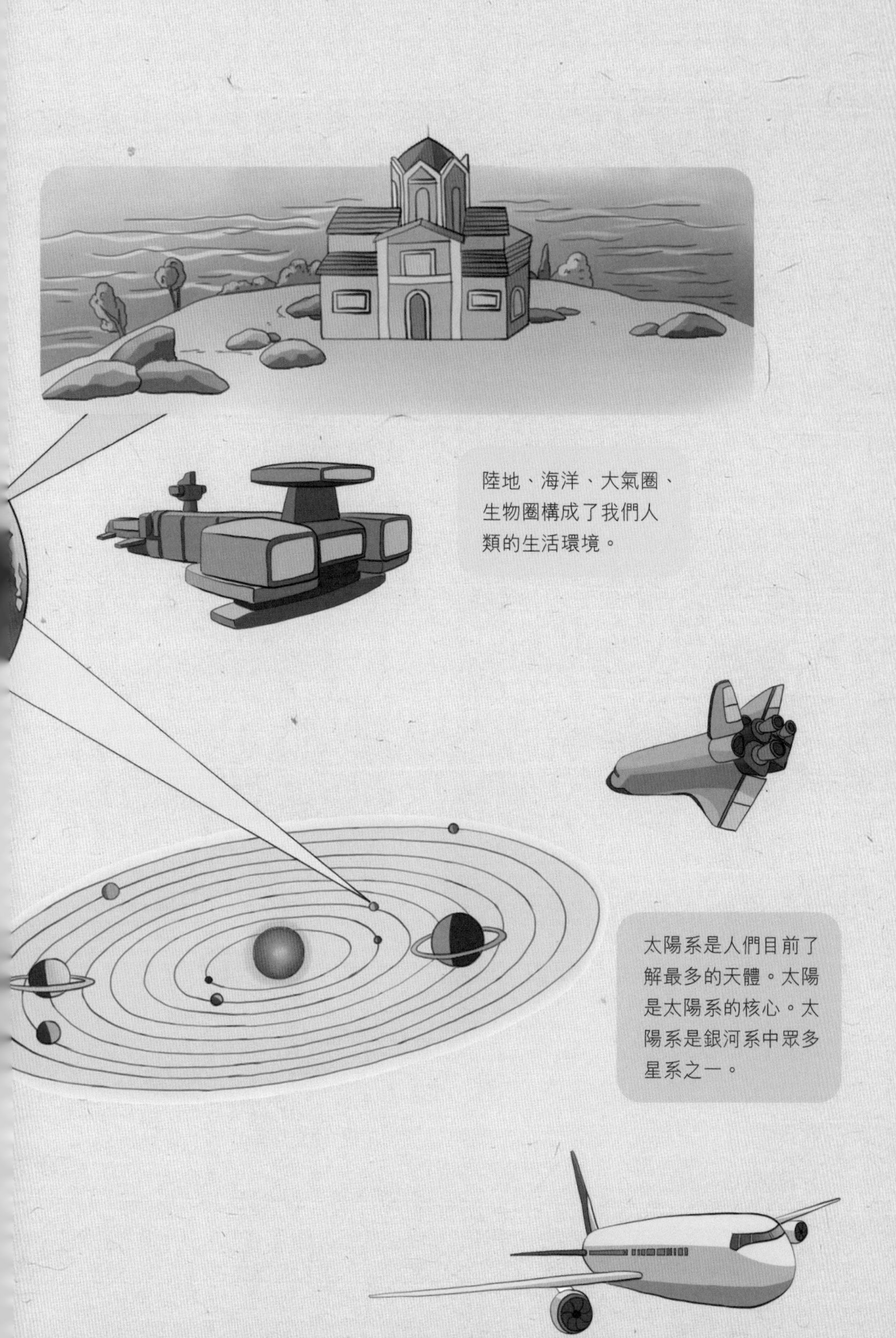
陸地、海洋、大氣圈、
生物圈構成了我們人
類的生活環境。
太陽系是人們目前了
解最多的天體。太陽
是太陽系的核心。太
陽系是銀河系中眾多
星系之一。

人物介紹

小野人

男生，從原始森林裏來，力氣巨大，語言簡短，不會很複雜的表達，對現代生活充滿了好奇，不過也鬧了許多笑話，酷愛打獵，甚麼都想獵取。

都市女生 TT

愛美，愛炫耀，聰明女生，在與小野人接觸的過程中，教會小野人許多城市生活的知識。

寵物熊貓黑眼圈

酷愛吃爆谷，無所不知，卻又喜歡裝傻，睡覺是他一生的樂趣。

宇宙遨遊

宇宙，一直以來就是一個神秘的地方。這裏令多少科學家心馳神往，探索宇宙的奧秘是我們幾代人長久的夢想，宇宙背後究竟隱藏着多少不為人知的秘密？

你有過這樣的疑惑嗎？為甚麼宇宙中漆黑一片？為甚麼宇宙沒有盡頭？為甚麼太空員在太空中吃飯得小心翼翼？為甚麼在太空中行走不會掉下來？

現在讓我們一起帶着好奇的心去探索宇宙的奧秘，讓我們一起解讀科學領域的神奇現象吧！

宇宙中
沒有盡頭

宇宙好大！好多星球啊！哪個才是月球呢？
這個問題交給 TT 就好了，飛船是由她駕駛的嘛！

希望不要迷路就好。
宇宙
邊無
的，
路也
常。

宇宙是由時空、物質和能量所構成的統一體。根據人類已觀測到的宇宙，科學家推算宇宙的直徑約有三百億光年。而對於宇宙的具體形態，人們進行過各種猜想。

人類目前所能觀測到的星系就有上千億個之多，其中我們所在的銀河系就有二千多億個恒星。宇宙中星體的數量之於銀河，就像河灘上的沙粒一樣，不計其數。

你說的是駕駛汽車，和
駕駛飛船不一樣！
就是，太空環境
和地球上的道路
狀況也不一樣。

放心，我會
帶你們在這
沒有盡頭的
宇宙順利到
達目的地的。

宇宙真的沒有盡
頭嗎？

準確地說，是因為宇
宙太大了，我們很難
找到它的盡頭。

原來是這樣啊。
真想到宇宙的盡頭去看看！

現在我們還是想想怎麼去月球吧！

哇！導航儀一直沒有打開啊！

嘀！

導航儀都不開，還自詡自己是經驗豐富的駕駛員呢！

宇宙是甚麼樣的？

一直以來，人類都在探索宇宙奧秘。和宇宙相比，人類顯得那麼的渺小。無論用甚麼科學儀器都看不到宇宙的盡頭。所以，在人們心裏，宇宙是一個無法解答的謎團。

小貼士：你知道宇宙是甚麼樣的嗎？它的面積有多大？它是靜止不動的嗎？

宇宙，一直在膨脹

人們一直以為包裹太陽、星星、月亮的大宇宙是靜止的，它不會運動，也不會縮小或者長大，但是美國天文學家哈勃在一次天文觀測中發現：兩個星系之間的距離越來越遠，他感覺好像有一個無形的大手把星系之間的距離越拉越大。哈勃開動腦筋，得出了宇宙在膨脹的結論。他說如果把宇宙比喻成一個氣球的話，宇宙的膨脹現象就是一個吹氣球的過程。只是宇宙這個「大氣球」可能永遠都不會被吹破！

宇宙有多大？

宇宙空間非常遼闊，那麼宇宙到底有多大呢？如果要計算宇宙中兩個天體之間的距離，用長度單位「米」和「千米」是遠遠不夠的。假如我們乘坐光速宇宙飛船在太空中旅行，最少要花四年的時間才能到達離太陽最近的恆星，它們之間的距離是 4.3 光年，大約 406,780 億千米。宇宙的盡頭究竟在哪裏呢？迄今為止，科學家們使用了世界上最先進的儀器，發現在太空大約 120 億光年之外，依然有星系存在。至於更遠的地方，是否有星系存在，對我們來說還是個未知數。宇宙浩瀚無邊，也許它真的是無邊無際。

宇宙是甚麼模樣？

宇宙是無垠的，空間無邊無際，時間無始無終。而天文學上的宇宙是指人們直接和間接觀測到的大尺度時空範圍和物質世界。

為區別於哲學上的宇宙概念，人們把觀測所及的宇宙叫作「我們的宇宙」。在不同的歷史時期，人們對宇宙的認識是不同的。我國周代曾有關於宇宙結構的「蓋天説」，它認為，天圓如張蓋，地方如棋局，大地靜止不動。後來，科學家證明「蓋天説」是一種錯誤的言論。

宇宙的全貌到底是甚麼模樣的呢？

到目前為止，宇宙學家並沒有一致看法，有的人認為宇宙的形狀是一個巨大的雞蛋，還有人認為宇宙像薯片一樣，是反向螺旋形狀，總之眾説紛紜，宇宙的模樣對人們來説仍然是一個未解之謎，等待着我們去探索、去發現。

宇宙有多少歲？

宇宙不像我們人類一樣，都有屬於自己的出生年月。如果想知道宇宙有多少歲，我們需要通過各種方式來推測宇宙的年齡。

科學家發現宇宙誕生之後，大約十億年才形成恒星，所以只要找到最古老的恒星並計算出它的年齡，就可以推測出宇宙的年齡。

科學家根據恒星內部物質的燃燒情況，推測出宇宙的年齡應該在 130 億年至 140 億年之間。

天文學家哈勃

美國天文學家——愛温・哈勃是研究現代宇宙理論最著名的人物之一，是河外天文學的奠基人。

他發現了銀河系外星系存在及宇宙不斷膨脹，是河外天文學的奠基人和提供宇宙膨脹實例證據的第一人。

人們通常把「哈勃定律」解釋為宇宙膨脹的必然結果。哈勃定律的發現有力地推動了現代宇宙學的發展。

月球上有很多環形山

這……這是
月球？
沒錯，這就是月球啦
準備降落吧！

這裏太不平坦了，
不適合降落啊！

我們飛到月球的正
面去，那裏的環形
山會少點。

月球表面佈滿大大小小圓形凹坑，稱為「月坑」，大多數月坑的周圍環繞着高出月面的環形山。

一種說法認為，月球形成之初，內部的高熱熔岩與氣體像地球上的火山爆發一樣噴發出來，噴出的熔岩堆積在噴口外部，形成環形山。

另一種說法認為，環形山是由隕星撞擊月球表面而成的。隕星撞擊月面時濺出岩石與土壤，形成一圈環形山。加之月面上沒有風雨洗刷，所以環形山就保留至今。
地球引力
月球引力
在地球引力的作用下，不少流星體在飛向地球的過程中撞擊在月球的背面，因此月球背面的環形山比正面的多。

月球的正面也有不少環形山啊！
這裏也不好降落吧？

那個環形山的中間很平坦，我們在那裏着陸。

這個環形山看着
好像月球張着的
嘴巴……
身為男子漢怎麼
能這麼膽小呢？

看我這個專業駕
駛員的！

啊！

開飛船和開卡
丁車一樣，都
得這麼乾脆利
落、當機立斷。
以後再也不敢坐
你開的車了……

月球上
没有任何聲音

真是的！我摔倒了，
你們怎麼沒人理我？

他在說甚麼？

我怎麼聽不見？

了。
現在能聽見聲音了吧？

聲音依靠介質的振動來傳播。我們能聽見的聲音，正是因為聲源使空氣發生振動，空氣再把振動傳播開來，將聲音傳至我們的耳朵。

月球表面是真空的，雖然可以產生振動，但沒有空氣和其他能傳遞聲音的介質，聲源的振動無法傳播，因此人在月球上就聽不到聲音了。

月球上沒有聲音，也就聽不見音樂了吧？多沒意思啊！
我才不要住在這麼無聊的星球上。

誰說聽不到音樂，我可以唱歌給你們聽啊。

此情此景，我就唱一首《月亮之上》吧！

好在無線電通話器能關上……

宇宙中一片漆黑

這有甚麼好奇怪的！
這可是德國天體物理學家開普勒提出的宇宙學問題。
你們注意到沒有，宇宙中都是黑漆漆的。

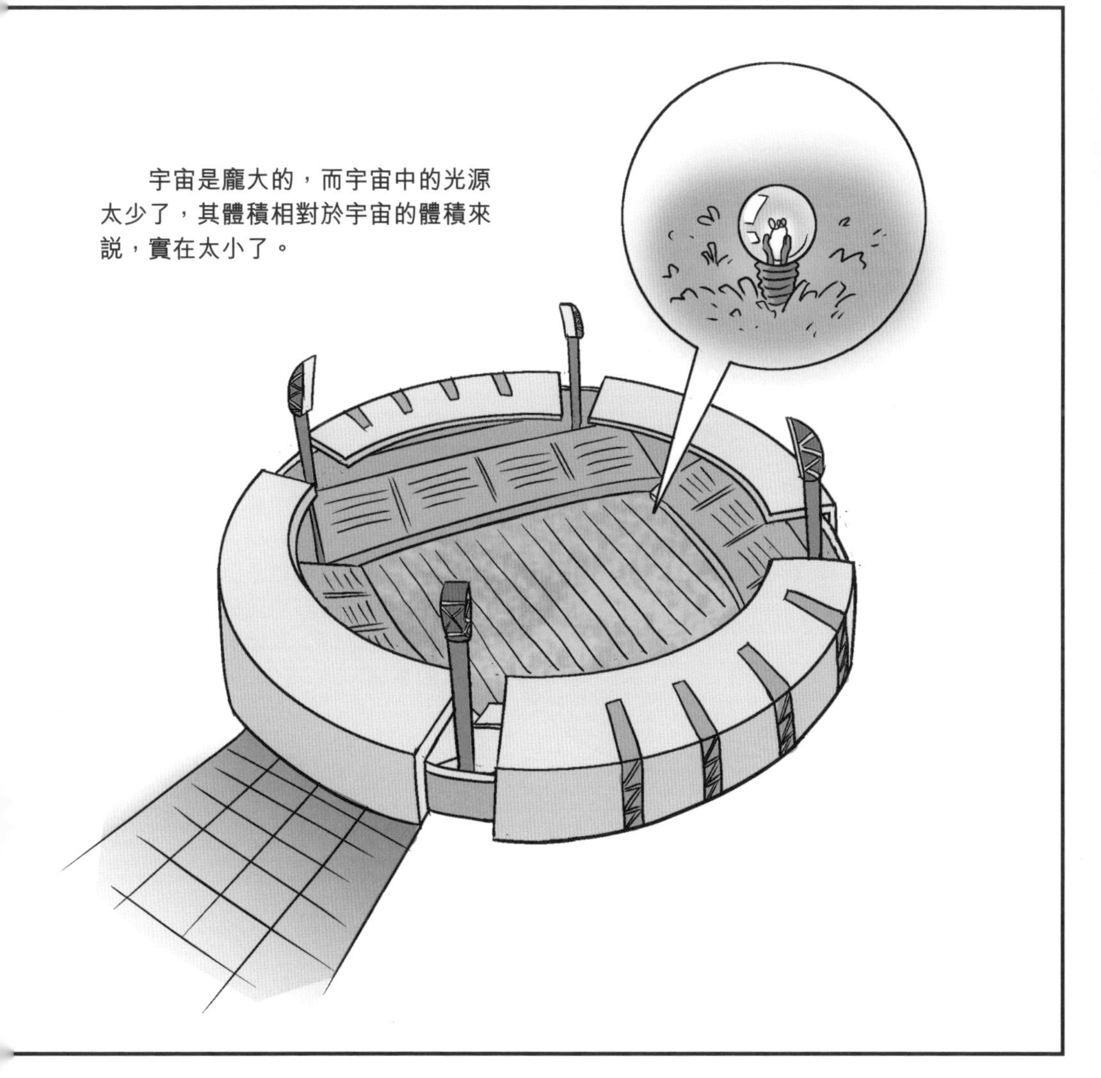
宇宙是龐大的，而宇宙中的光源太少了，其體積相對於宇宙的體積來說，實在太小了。

宇宙中存在的 90% 的物質是不能發出可見光的暗物質，可以發光的恒星、類星體、新星、超新星、中子星十分有限，在理論上無法把宇宙照亮。

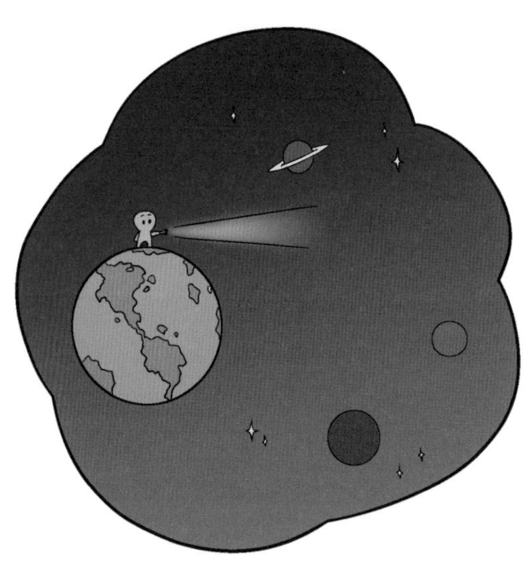

儘管宇宙中有大量發光的星體，但是由於距離太遠，光線所能到達的距離也十分有限，我們也就無法看到遠處的景象。因此我們在地球上只能看見星星微弱的亮光。

TT 你真厲害，居然
提出了和天文學家
一樣的問題。

先別說甚麼天文學問題
了，我們要多久才能逛
完宇宙呢？
很久很久。

烏漆墨黑
的，還挺
讓人害怕
的，還是
快點回到
地球吧。

先前吵着要來，
現在吵着要回！
你還真難伺候！

「光年」是長度單位

光年是天文學上一種計量天體距離的單位，即光在真空中用一年時間所走過的距離。宇宙空間極廣，天體間的距離非常大，地球上使用的長度單位已經遠遠不夠使用，所以只能以光年來計量。

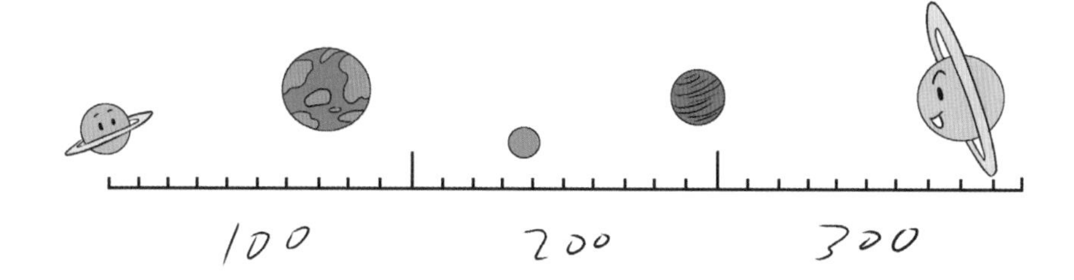

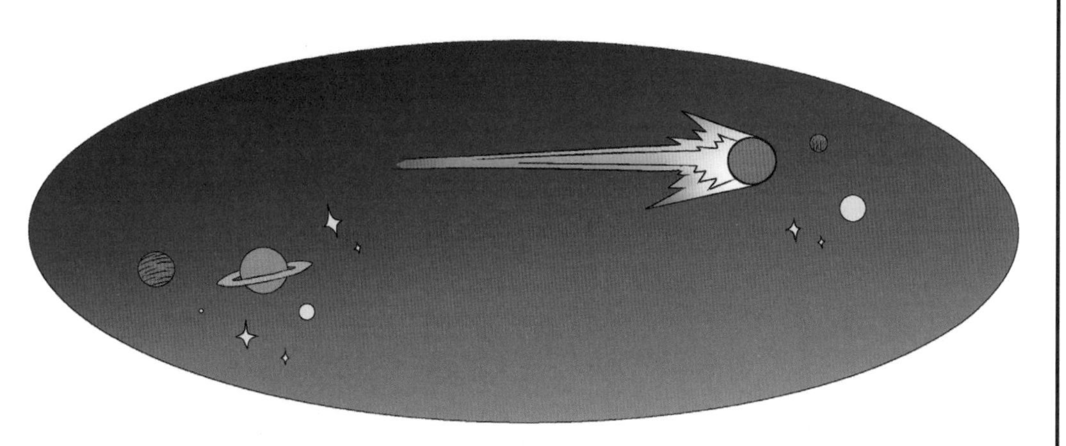

光年的單位長度是根據光速計算而來的，1 光年為 94,605 億千米。

那地球和太陽之間相距幾光年呢？
地球和太陽之間的距離沒有那麼遠，不用光年計算的。

根據光速來看，光從太陽到達地球只需幾分鐘的時間。
15,000 萬千米 ÷30 萬千米 / 秒＝ 500 秒

咦？那月亮離地球比太陽近得多，怎麼顯示 1 光年呢？

對啊！難道導航儀出故障了？

距離地球：1.01 光年
我說 TT，你來之前就沒有好好檢查過嗎？
轉彎！
對不起，我大意啦！
TT，我很想知道，你到底是不是經驗豐富的駕駛員？

宇宙是怎樣構成的？

隨着科學的發展，我們一直在尋找更遙遠的天體。地球是宇宙家庭中的一個成員，它和各種天體一起構成了宇宙這個大家庭。可是，你知道宇宙是怎樣構成的嗎？

小貼士：廣闊無垠的宇宙是由無數個天體構成的，如行星、衛星、彗星等都是宇宙中的天體。

宇宙· 甚麼是天體?

在宇宙中飛行的東西叫作「天體」。我們生活的地球就是天體的一種。在我們的太陽系中，天體不僅包括了行星，也包括了衛星（比如月亮）、彗星等。無數個太陽系這樣的星系組成了銀河系，而銀河系之外還有很多和銀河系一樣大，甚至更大的星系。各種星系中很多的星球組成的星團，以及星際間我們無法看到的物質等，都是天體。

宇宙的「家庭成員」

宇宙就像一個大家庭，這個大家庭是由許許多多的星系組成的。每個星系都是這個大家庭中的一員。在這個大家庭中，能夠發光發熱的是恒星，它們是這個大家庭中的長者。家庭成員中最具活力的是太陽，它在不斷地發出光和熱，哺育着地球和其他的家庭成員。宇宙中還有許多氣體和塵埃，它們聚在一起變成了美麗的星雲，星雲的顏色五彩斑斕。宇宙大家庭中還有拖着一條「尾巴」的彗星，還有轉瞬即逝的流星等等。

宇宙是怎樣構成的？

宇宙是廣闊無際的，我們的眼睛能看到的只是宇宙的一小部份，那麼宇宙都是由甚麼組成的呢？首先是各種天體。行星是圍繞着恆星運動的星體，體重很小，體型一般沒有恆星那麼大。行星一般不會發光，只是反射着太陽發出的光。

恆星是由氣體組成的，它十分巨大，並且一直在燃放着熱量，太陽就是一顆恆星。很多顆恆星在一起，就組成了一個星系，銀河系就因為它看上去像一條銀色的河流而得名。許許多多的星系和星團構成了我們看到的宇宙，宇宙中也有一些我們看不到的物質，它們的存在也讓宇宙變得更加神秘莫測。

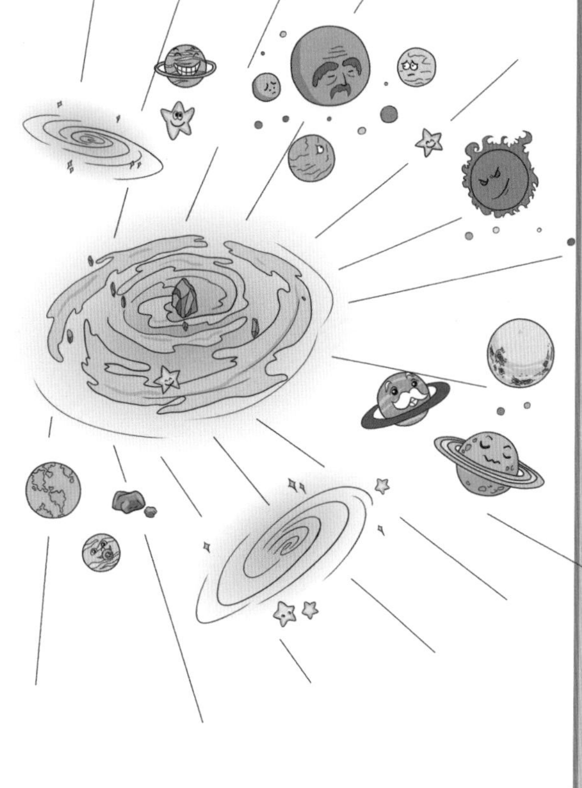

美麗的天體

當我們仰望夜空時，會看到無數小星星在調皮地眨着眼睛。遠遠地望去，它們就像是天空中點亮的小燈。如果你用天文望遠鏡來觀察，它們其實並不是小燈，而是一個個美麗的天體。有的是和我們生活的地球一樣的星球，也有和銀河系一樣的星系。但是，由於它們離我們太遙遠了，所以看上去像是一盞盞小燈。

甚麼是星團？

一般來說，恆星並不是孤單地自己運動，往往是成群結隊地分佈在某一塊較大的區域。如果有數十個以上的恆星聚集在一起，並且它們相互存在着聯繫，那麼這個星群就叫作「星團」。由上萬顆到幾十萬顆恆星組成，整體像圓形，中心密集的星團叫作「球狀星團」。

人造衛星會墜落地球

我怎麼覺得這個衛星越來越大啊？
好像是離我們越來越近了？

趕快轉向！我們要被撞上了。

它是壞了嗎？怎麼掉下去了啊？
人造衛星過一段時間就是會掉下去的。

當人造衛星在太空中運行時，只要其受到的地心引力與離心力相等，它就可以穩定地圍繞地球運動。

為了實現這種穩定的運動狀態，人造衛星的運行速度須達到7.9千米/秒。超過這個速度，人造衛星會脫離地心引力而飛離地球；低於這個速度，人造衛星就會墜向地球。

人造衛星雖然在大氣層外運行，但其所在的位置仍有稀薄的空氣存在，人造衛星受到空氣阻力的影響，飛行速度會下降，直至向地球下墜。

人造衛星通常都有一定的壽命，當它達到使用年限後，就會墜落。

在它到達地面之前，就已經與大氣層發生摩擦被分解掉了。
那它掉下去後會發生事故嗎？

唉！快到家了！

咦？怎麼回事？

好像是飛船出故障了。

臨到家門口了，
回不去了嗎？

別怕，有我這
大英雄在呢！

我去修好它！
去吧，修不好可千萬別回來！

太空衣是白色的

在太空中作業的太空人，會直接暴露在各類宇宙射線及強烈的太陽熱輻射之中。地球因為有大氣層的保護，所受到的輻射只有太空中的幾分之一。

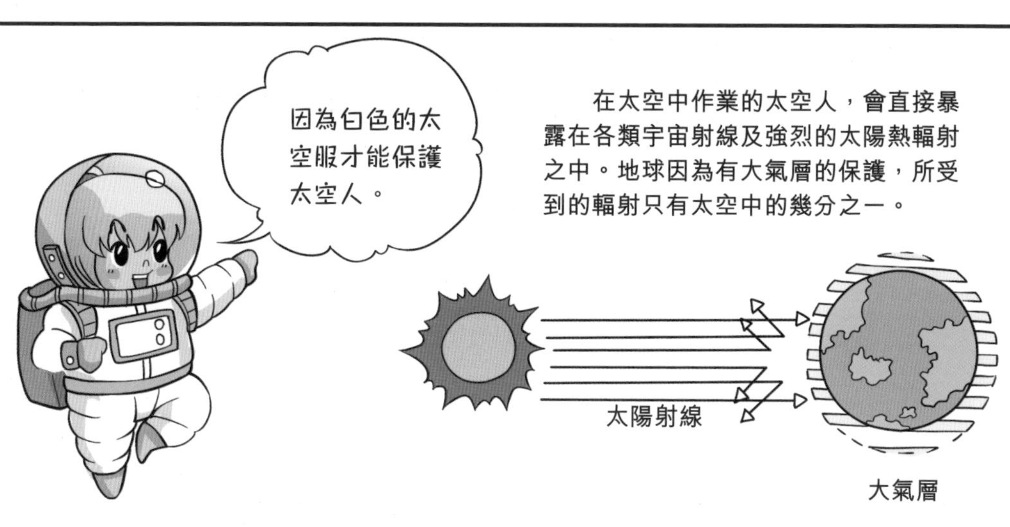

白色具有最廣的光譜範圍，可以有效地反射多數射線。白色的太空衣把太陽光中絕大部份熱光源都反射到太空中，從而保護太空人避免被太陽光灼傷。

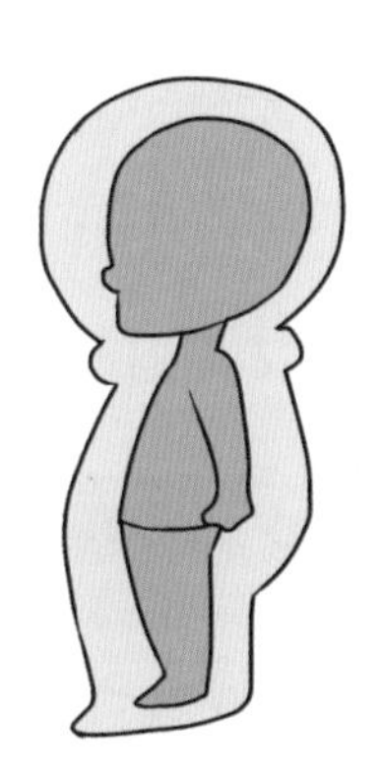

其實這和我們夏天要穿
淺色衣服是一個道理。

嗯，還是保護身體
比較重要。

所以啊，在太空中你就
別臭美了。再說你穿白
色也挺好看的。
可是白色顯得我
有點胖……

算了吧，你本來就胖。

甚麼是 UFO？

在很多國外的科幻電影裏面，經常會看到圓碟狀的 UFO 飛來飛去，人們怎麼也抓不住它們。所以人們越來越好奇，UFO 到底是甚麼東西？它真的在地球上出現過嗎？

小貼士：有人說 UFO 是碟狀的，把它稱為「飛碟」，但多數人不知道它的模樣，因此簡單地將其稱為「不明飛行物」。

UFO · 不明飛行物

UFO 指的是不明飛行物，對於 UFO 的形狀，一直是眾說紛紜：有人說它是碟狀的，有人說它是條狀的，也有人說它是掃把狀的。然而，大部份人認為它是碟狀的，所以人們一直稱它為「飛碟」。

UFO 的出現

從 20 世紀 40 年代以來，關於 UFO 出現的報道，最有影響力的是羅斯威爾事件。事情發生在 1947 年 7 月，美國新墨西哥州羅斯威爾的一家報社宣佈空軍在當地發現墜落的飛碟。這條消息馬上引起了巨大的轟動，緊接着人們就湧向羅斯威爾，想要看看傳說中的飛碟到底是甚麼樣子。但是，人們到達之後才發現那個據說有飛碟墜落的農場早就被軍隊封鎖了。

UFO 是否真的存在？

很多人認為 UFO 就是外星人駕駛的飛船，它從外星飛到了地球上。其實這種説法是不對的，UFO 只是人們還沒有弄明白的不明飛行物。關於它的存在，有很多種解釋：UFO 可能只是人們編造出來的流言，有時候是光線給人造成的假象；有的是天空中飛的一種東西產生的奇異現象被當成了 UFO。到目前為止，並沒有確鑿的證據證明 UFO 的真實存在。

「飛碟」熱的興起

20 世紀 40 年代末，美國的一個企業家駕駛着自己的私人飛機，在經過華盛頓的雷尼爾山附近的時候，他看見有九個圓盤狀的東西飛快地在空中穿行，那些圓盤非常靈活地跳躍着前進。

這個企業家也把那九個物體描述為碟狀飛行物，自此，「飛碟」熱開始興起。

中國著名的 UFO 事件

1994 年 12 月 1 日的凌晨，有一輛神奇的「空中快車」駛過貴陽都溪林場。在轟隆隆的巨大聲音之後，大片的松樹被攔腰斬斷，房頂上的鐵皮也消失不見了。

值班的工人説看見兩個刺眼的火球像火車輪子一樣轟隆隆地經過。很多人認為這是外星人開着他們的飛碟所為，這也成了中國著名的 UFO 事件。

在太空中吃飯得小心翼翼

我得提醒你們一下，吃
東西的時候不可以說話，
或者拿着食物玩耍啊！

為甚麼？

這裏和地球不一樣，在太
空中吃東西要格外注意，
否則會引發生命危險。

吃飯也會有危險？
嗯，因為在太空中
食物會飄起來。

在太空中，所有物品都處於失重狀態，因此食物會飄在空中。

太空員在進餐時，如果不夠小心，食物的殘渣就會到處亂飛，很可能被太空員吸入鼻腔、進入氣管，或者進入儀器而引發故障，這都是很危險的。

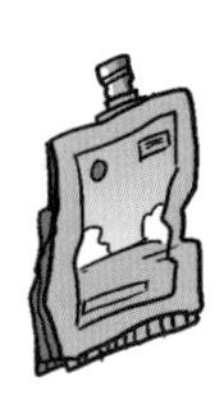

因此，太空食品通常會製作成高度濃縮、流質狀或經過脱水、壓縮處理的食品，這樣既便於攜帶，也不易飄散，利於太空員在失重環境中食用。

太空員在太空中使用的餐桌和餐具也是具有磁性的，可以吸附在固定的位置上。同時，他們需要將自己的身體固定住，進食時的動作也要輕緩，防止食物飄走。

在太空失重環境下，人體的
消化功能會變弱，所以我們
吃東西的時候要細嚼慢嚥。

唔……

我說過了，吃東西
時不要說話，很危
險的。

哼！

這是甚麼
怪味啊？

不應該這麼難
吃的啊？
這是我親手
做的呢。
剛剛還教育我們呢！

現在不是難吃不難
吃的問題⋯⋯

問題是怎麼處理這
些東西。

看甚麼看！我是
總指揮，我命令
你們兩個現在馬
上清理！

在太空中行走不會掉下來

我們趕緊回去吧！
難得出艙，為甚麼我們不多玩會兒呢？

喂，小野人你一直貼着飛船待着，你在害怕甚麼呀？

怎麼會呢？我們在太空中處於失重狀態，可以飄在空中的。
我怕我會掉下去啊！
就像這樣哦！
為甚麼我們能在太空中飄浮，而不掉下去呢？
因為地球的引力被另一種力抵消掉了。

當我們在地球上進行自由落體運動時，地心引力使我們的身體產生了指向地心的重力，地球就像一個吸鐵石，將我們的身體和地球上的所有物質吸向地心。

當人或物體在太空中運動時，依然會受到地心引力的作用，並圍繞地球進行圓周運動。這種圓周運動使運動中的物體產生了脱離圓心的「離心力」。

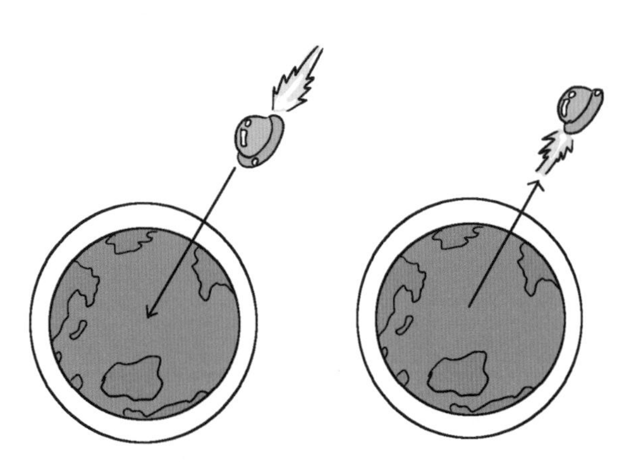

當這種離心力與地心引力相互抵消時，在太空中的物體就失去了地心引力給予它的重力，產生了「失重」現象，「不受力」的物體就會懸浮在空中。

好像飄在游泳池裏的感覺。
在地球上，太空員為了訓練在失重環境中的各種操作，就是在水下進行訓練的，因為水的浮力也會抵消掉一部份地心引力，形成類似失重的效果。

好啦，現在我們回飛船裏吧！

不嘛，再在外面玩一會兒吧！
他玩上癮了……

宇宙中的星球
大多是球形的

呵呵……
咱們又要
出發啦！

你們看，那個月亮又白
又圓，好像湯圓哦！

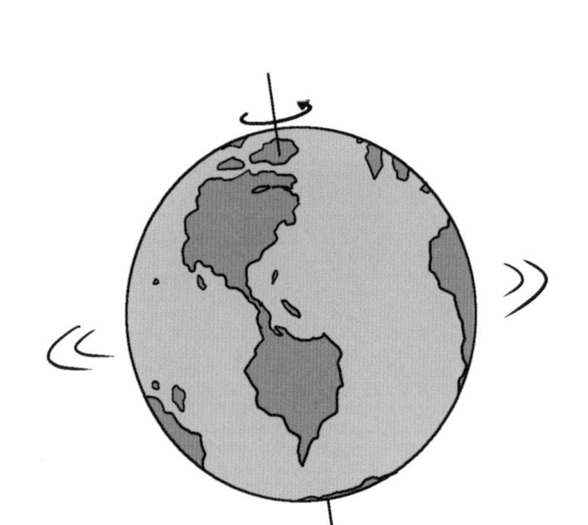

星球是行星，一般來說，行星需具有一定質量。星球的質量足夠大，且形狀近似於圓球狀，並能夠自轉。

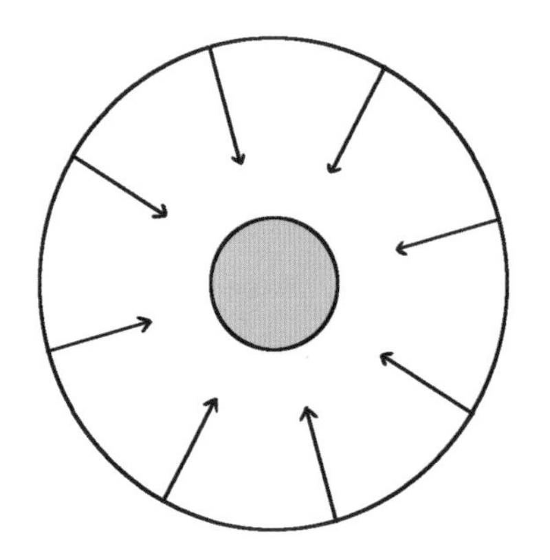

由於具有一定質量，星球會產生向內的地心引力。在引力的作用下，星球將所有物質向內吸引，使星體收縮，均勻的引力使其呈現球形。

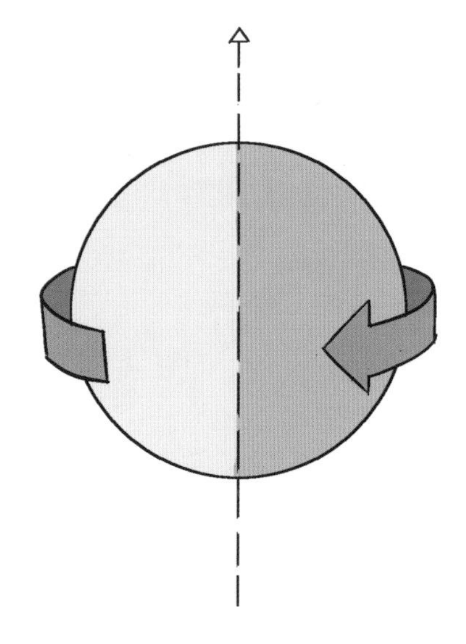

星球以連接兩極的直線為軸線進行自轉，由此會產生離心力，使星球上的物質向與自轉軸垂直的方向橫向擴展，於是星球就會形成橢球形。

有些較小的星體，由於其質量太小而無法超越本身結構的力量，因此這些星體也就保有不規則及不完整的形狀。

快看，那邊
那個紫色的
星球很像甘
藍啊！
橘色的那個
像橙！

那個黃色的好
像黃金瓜！

為甚麼你們
總是想到吃
的啊？

才沒吃飽
，現在還
點餓……

唉，看來在太空中活動確
實很消耗能量啊！

放心吧！回到地球後，我
會親自掌廚再招待你們吃
一頓的！

**嗚嗚……我現在
又不太想回地球
了……**

地球是球形的嗎？

地球的形狀是球形的嗎？如果是球形的，地球上的半徑應該一樣長。實際上，地球的赤道半徑是 6,378 千米，極地半徑是 6,357 千米，比赤道半徑少 21 千米，事實證明它不是球形的。

小貼士：地球並非完全是球形的，而是一個稍微被擠壓的橢球形。

地球的模樣的傳説

「天圓地方」是古代人對地球模樣的認知，他們一直以為地球是方形的。古希臘人認為，地球是漂浮在水上的，天空則是一個叫「亞特拉斯」的神撐起的圓形屋頂。古埃及人則認為大地是神躺下後變成的，天空是女神努特彎曲着雙手和雙腿支撐起來的。後來，隨着科學技術的發展，人們用人造衛星拍了很多地球的照片，才對地球的模樣有了新的認識。

古埃及

古希臘

地球的形狀

早在公元前 500 年，古希臘哲學家畢達哥拉斯是第一位提出地球是球形的。隨後，亞里士多德根據月食時月面出現的圓形地影，再次證明了地球是球形的。1622 年，葡萄牙航海家麥哲倫率領的環球航行也證明了地球形狀是球形的。17 世紀末，牛頓研究了自轉對地球形態的影響，認為地球應是一個赤道略鼓、兩極略扁的球體。

地球形成的階段

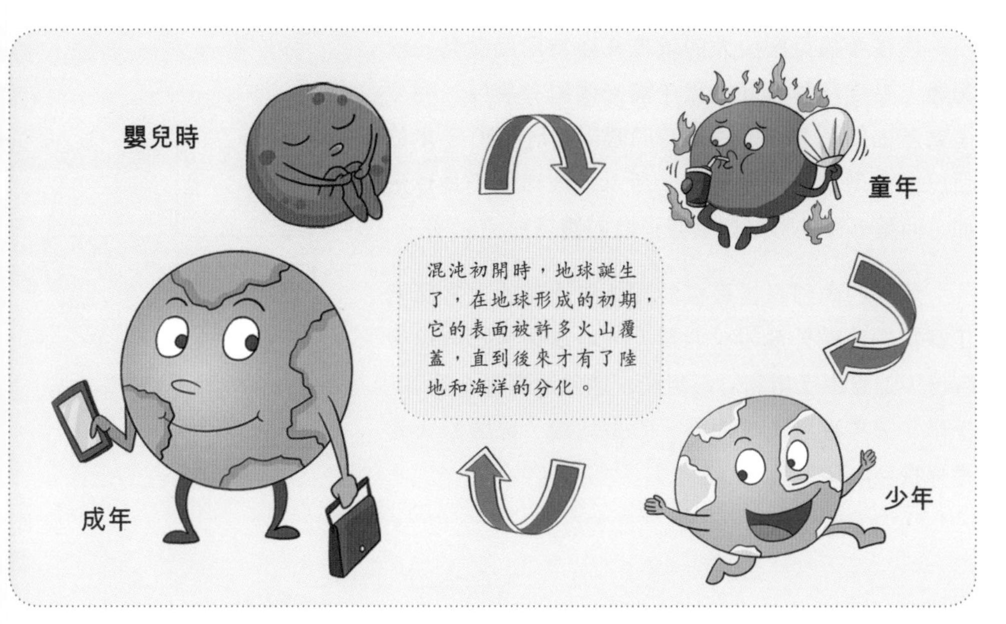

地球的年齡

21 世紀科學家對地球的年齡再次進行了確認，認為地球的產生要遠遠晚於太陽系產生的時間，跨度約為 1.5 億年。這遠遠晚於此前認為的 30 萬年到 4,500 萬年。此前科學家通過太陽系年齡計算公式算出了太陽系產生於 55.68 億年前，而地球的產生要比太陽系晚 30 億年到 45 億年，大約為 25.48 億年前。在 2007 年，瑞士的科學家對此數據進行了修正，認為地球的產生要在太陽系形成的 6,200 萬年之後。

探索地球

住在希臘亞歷山大的埃拉托斯特尼閱讀到一段記錄，在埃及阿斯旺，正午陽光照射井裏時，完全不會產生影子，但是同一時間離阿斯旺 900 千米的亞歷山大港卻產生了影子。所以，地球並不是球形的，而是一個外形酷似鴨梨形狀的橢球形。

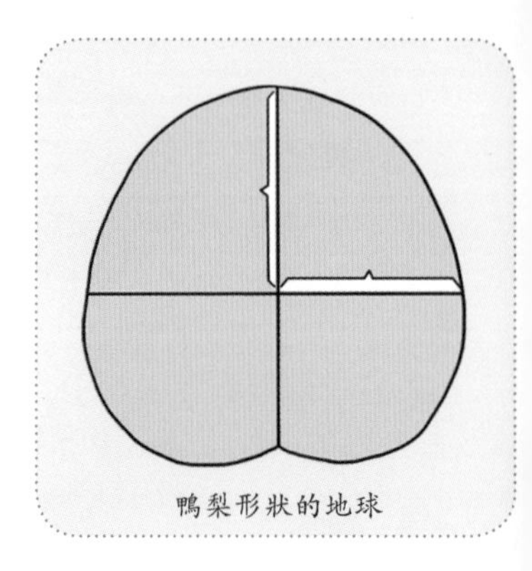
鴨梨形狀的地球

地球的內部是甚麼樣的呢？在地球的上方我們正踩踏的地球外殼叫「地殼」，地殼是包圍地球的部份，並且由土壤和岩石組成，地殼深度為 5 至 35 千米。如果進入地球內部，就是地幔，繼續深入就是外核和內核。

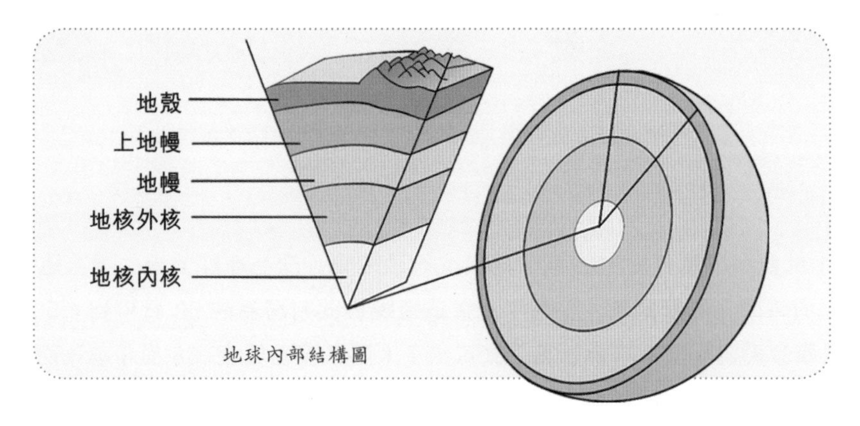

地球內部結構圖

地球與氣候

地球氣候從亙古到現在都發生着巨大的變化，並且這種變化將繼續演化下去，很難對地球氣候進行概括。地球上與天氣和氣候有關的自然災害包括龍捲風、颱風、洪水、乾旱等。兩極的氣候相差很大，降水量也存在着很大的差異。

地球周圍的空氣

地球由空氣包圍着，我們把包圍地球的空氣叫作「大氣」。雖然大氣存在於地表約 1,000 千米的範圍，但大氣活動比較活潑的區域大概只在 10 至 15 千米高的範圍。所以，只有在這個地方才會有下雨、下雪、風吹、閃電打雷等天氣現象發生。

走近月亮

月亮跟隨地球不知多少年了，也許地球上還沒有人類之前，它就在天天看着地球。以前大家都說月亮上的廣寒宮裏面住着奔月的嫦娥、一隻玉兔，還有一位整天在砍伐桂花樹的吳剛。然而，在 1969 年 7 月 19 日，美國「阿波羅 11 號」太空船登陸月球，沒有看到廣寒宮，也沒有找到嫦娥和玉兔，更沒有桂花樹和吳剛，於是許多人的美麗幻想成為科學的失望。到了 1972 年，人類先後六次登月，對月球進行了一系列的科學考察，使人類對月球有了更加全面、更加深入的認識。

為甚麼月亮這麼亮？

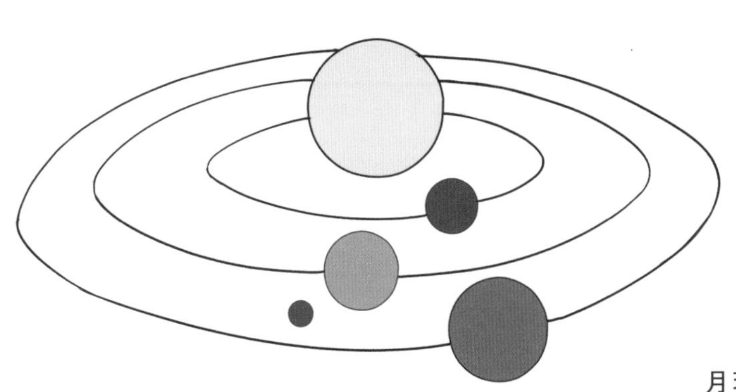

月球是距離地球最近的一個天體，與地球相距 384,401 千米，而其他星體與地球距離較遠，多以光年計數。

因此，當我們站在地球上觀測夜空中的群星和月球時，會感到月球明亮而碩大，而星星的光亮因為距離遙遠而顯得微弱暗淡。

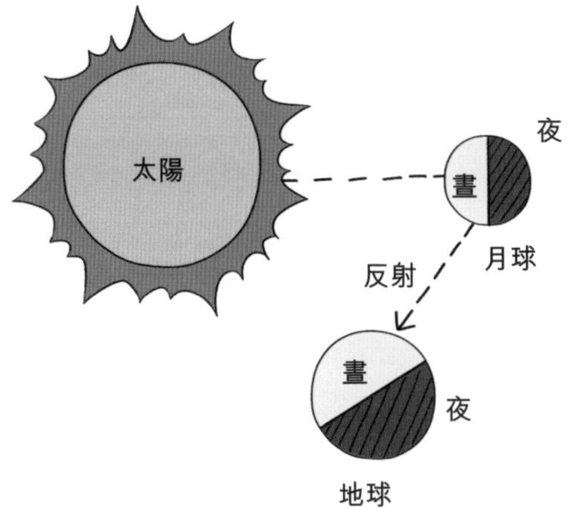

月球是地球的衛星，它沒有大氣層，在接受太陽的照射時，月球表面可以直接反射太陽的光亮，將光線投射至地球上。

月光這麼強，我要學 TT 白天那樣做下防曬啦！

月光不會把人曬黑的。

可是月亮反射的不是太陽光嗎？

月球反射的主要是陽光中的可見光，只有很少的一部份紫外線被反射。

月亮下的紫外線非常微弱。
不早說，害得我臉上油膩膩的。

月亮會變成彎彎的月牙

月亮怎麼了？

這個月亮在一天天變瘦呢！現在都變成細細的一條了。

你說月亮會不會是被甚麼可怕的傢伙吃掉了啊！

不用那麼擔心，月亮沒有被吃掉，它還會變圓的，它經常這樣變來變去。

那麼，為甚麼月亮會變成彎彎的月牙啊？
這是因為月球繞地球轉動時，位置發生變化造成的。

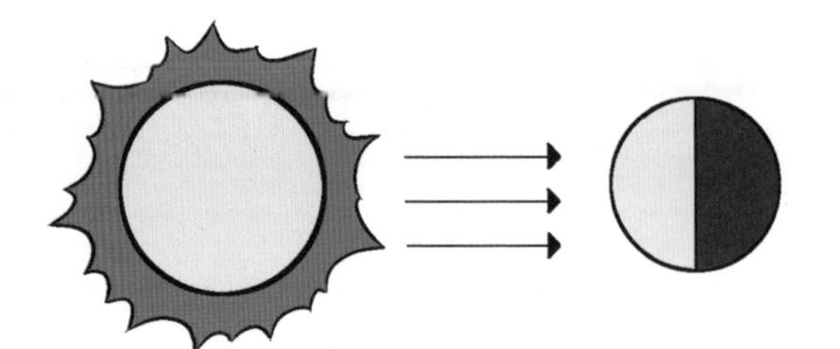

在太陽照射下，月球被分成明、暗兩個半球。

地球和月球圍繞太陽進行公轉時，三者的位置發生變動，使我們從地球上觀測月球的角度發生變化，我們能看到的月球亮面也就有所不同，即月相變化。

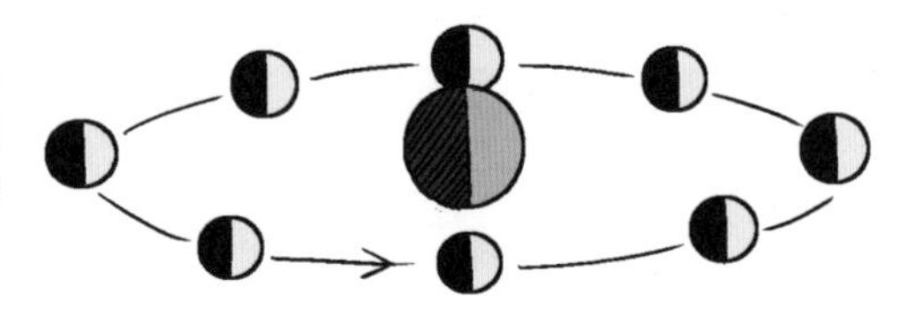

月球繞地球一圈用時 29 天 12 小時 44 分 3 秒，人們就將 30 天的週期定為「月」。一個月內，月亮的形狀有規律地變化着。

今天是陰曆二十九，也就是說，再等幾天，月亮就會再「胖」起來。

原來月亮沒有被吃掉啊，那我就放心啦！

再說哪兒有那麼大的嘴可以吞掉月亮啊？

有啊！

●●●●●●

看甚麼看！明明你的嘴巴比我的大。

月亮上真的有嫦娥和玉兔嗎？

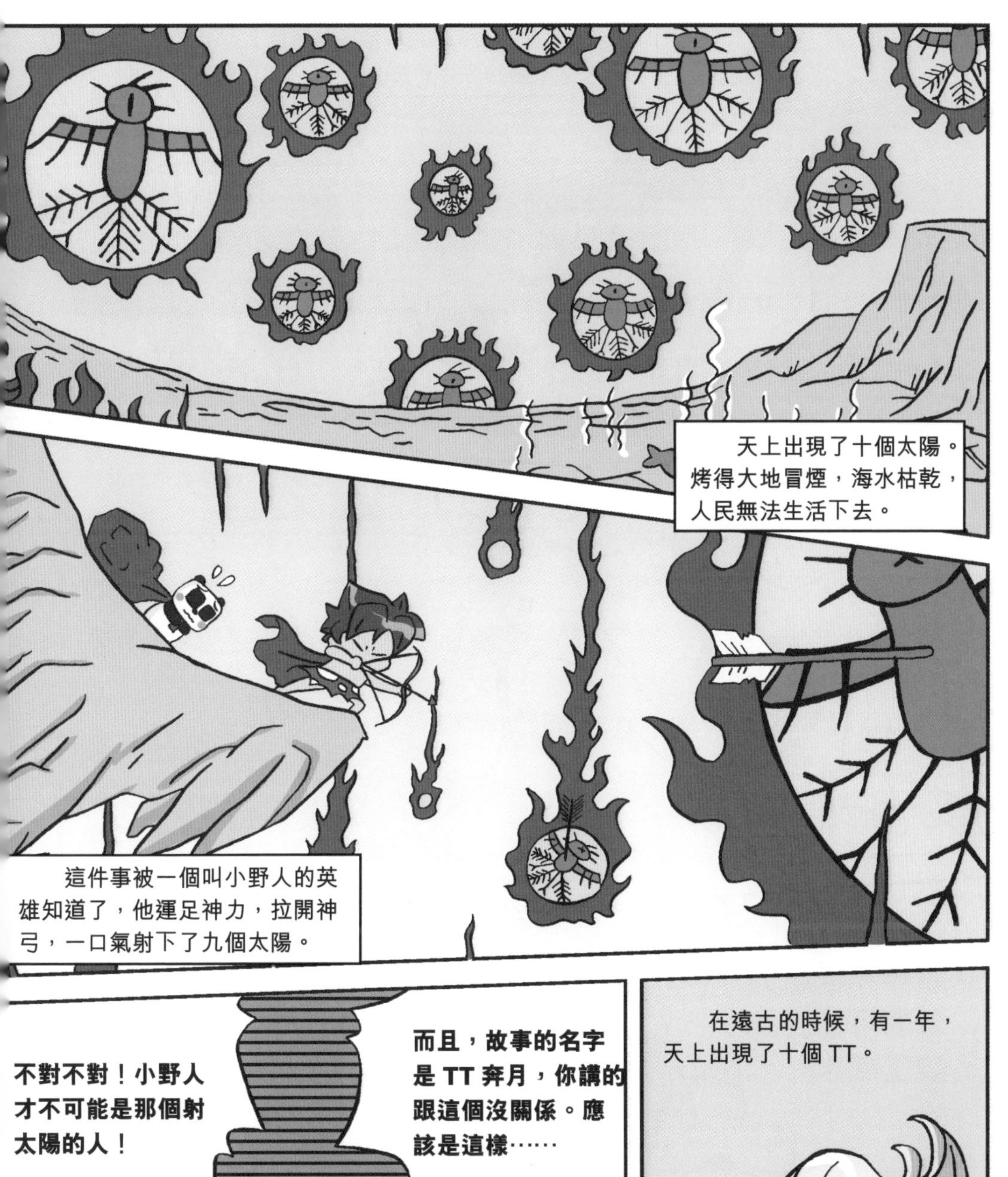
天上出現了十個太陽。烤得大地冒煙，海水枯乾，人民無法生活下去。
這件事被一個叫小野人的英雄知道了，他運足神力，拉開神弓，一口氣射下了九個太陽。

不對不對！小野人才不可能是那個射太陽的人！
而且，故事的名字是 TT 奔月，你講的跟這個沒關係。應該是這樣……
在遠古的時候，有一年，天上出現了十個 TT。

TT 無惡不作，毀壞房屋，破壞農田，使人們無法生活下去。
這件事被一個叫黑眼圈的熊貓大俠知道了，他帶着他的助理小野人，登上山頂……
英雄是我！打敗 TT 的英雄是我！
憑你一己之力怎麼可能打敗魔王呢！
哼！
你們在説甚麼呀？

奔月
哦，是在說嫦娥奔月的故事嗎？
是是是！嫦娥偷吃了長生不老藥，飛到月亮上的廣寒宮裏，上面還有一隻玉兔和她作伴……
月亮上真的有嫦娥和玉兔嗎？我好像真的看到過呢！
我們在地球上看月亮的時候，會看到一些似人似物的東西，可那些都是我們憑空想像出來的，其實不過是月球上的一些石頭或山的陰影罷了。
人類早就登上過月球了，上面的景象也被拍下來了。
哪有甚麼月宮和嫦娥啊？月球很荒涼的，你們這些孩子真是天真……
呼……

月亮為甚麼會千變萬化？

每當滿月的時候，我們仰望夜空就會覺得月亮離我們很近，彷彿一伸手就能摘下來似的。但是，有的時候月亮又變成了彎彎的月牙，為甚麼會出現這樣的變化呢？

小貼士：天空中的滿月和月牙是月亮圍繞地球公轉造成的現象。

神秘的月亮 · 月亮的運動

月球背面是甚麼模樣？

月球，也就是我們通常說的月亮。月球背面一直不為人知，直到 1959 年人類才拍下了第一張月球背面的照片。到了美國的「阿波羅」登月計劃，人類才第一次用肉眼看到了月球的背面。在地貌上，月球的背面主要是高地，而月球的正面主要是盆地。月球的正面有很多山脈，而背面則沒有明顯的山脈。月球的背面有很多隕石坑，比正面的隕石坑要多得多。

月亮從東邊升起，從西邊落下。傍晚時我們可以在東邊天空看到月亮，如果以一個小時為時間段，我們就能看到月亮慢慢往南邊移動，然後再往西邊移動。如果一整晚地觀察月亮，我們就能看到月亮往西邊天空消失，但是因為月亮移動速度很慢，如果一直盯着看，大概就感覺不到月亮在移動。

月亮外表的變化

當你觀察月亮的時候，發現今天的月亮和昨天的月亮是一樣的嗎？在一個月內，每天同一個時間觀察月亮的外表，我們會發現月亮的外表會一點一點地發生着變化。從滿月開始，變成了下弦月、凸月、蛾眉月、上弦月等不同的外表，最後又變回滿月。這種現象是由月亮圍繞地球公轉造成的。

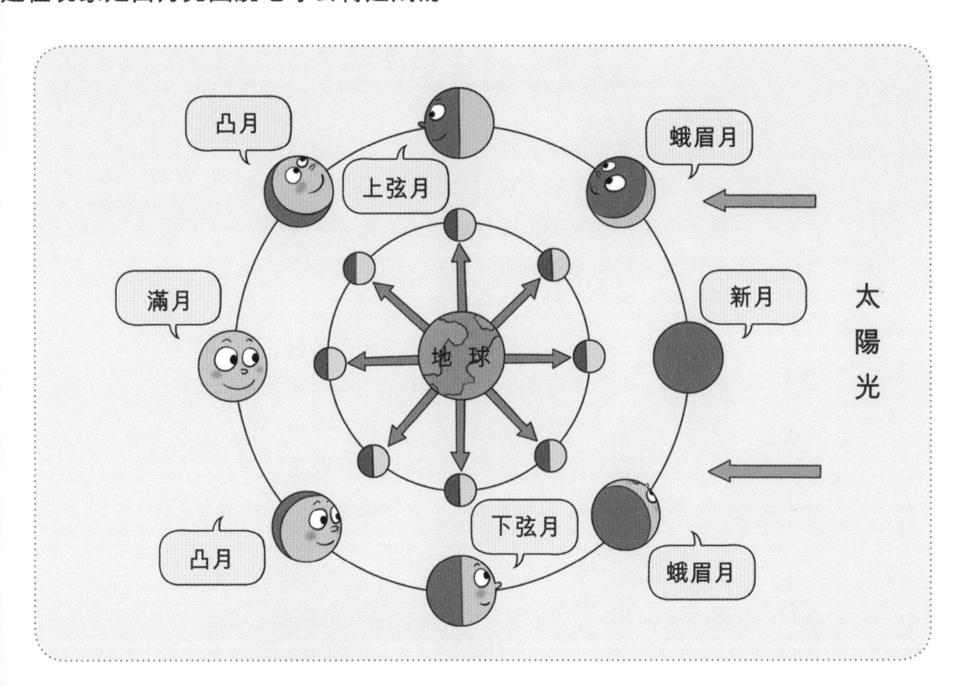

人類探索月球的足跡

1952 年，蘇聯發射的「月球一號」是第一個成功進入月球軌道的。1966 年，美國發射的無人太空船也成功地登陸了月球。提到把人類送到月球，就不得不提美國的「阿波羅」計劃。在 1969 年，「阿波羅 11 號」不僅成功地把人類的足跡留在了月球上，還採集了標本，在月球上設置了探測裝備後成功返回地球。

奇妙的現象

天體是宇宙間各種星體及存在於星際空間的氣體和塵埃等所有物質的總稱。天體在大小、質量、光度、溫度等方面存在着很大差異。幾千年來，天上的星星雖然遙不可及，卻早已吸引了我們祖先的關注。現代自然科學一直都在研究天空中閃光的天體。宇宙航行拉近了我們與天體之間的距離。天文學家觀察發現，宇宙中存在着多種多樣的星體，有轉瞬即逝的流星，也有指引方向的北極星等，它們一直都在點綴着我們頭頂上那個絢爛多彩的天空，呈現着各種奇妙的現象。

星星會眨眼睛

啊，我好像看到星星向我眨眼睛了，我不是在做夢吧！
美麗的星星當然是會眨眼睛的……

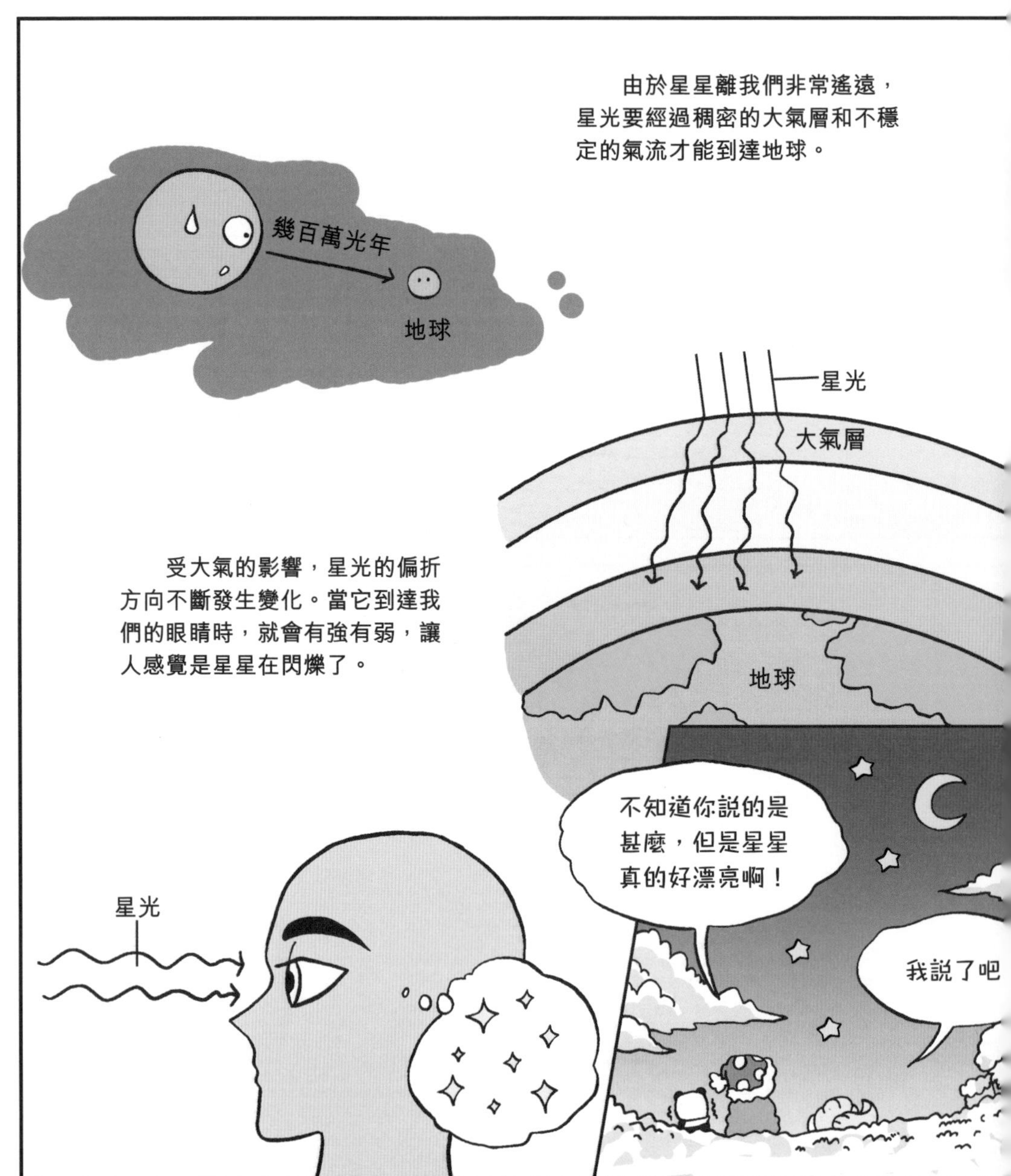
由於星星離我們非常遙遠，星光要經過稠密的大氣層和不穩定的氣流才能到達地球。
幾百萬光年
地球
星光
大氣層
地球
受大氣的影響，星光的偏折方向不斷發生變化。當它到達我們的眼睛時，就會有強有弱，讓人感覺是星星在閃爍了。
星光
不知道你說的是甚麼，但是星星真的好漂亮啊！
我說了吧

流星為甚麼會從天上掉下來？

就是你們這些女孩子一天到晚許願，流星才不堪重負掉下來的。

才不是那麼回事呢！

因為它們受到了地球引力的作用，被吸到了地球上，所以流星才會從天上掉下來。

流星為甚麼會掉下來啊？
???

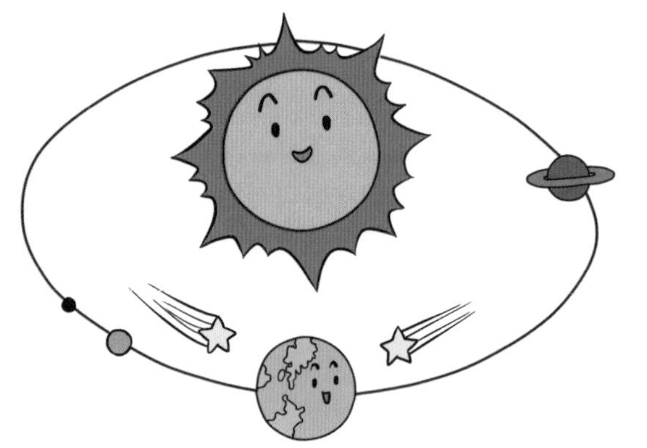

流星是星際空間中的宇宙塵粒和固體塊，它們圍繞太陽運動，在經過地球附近時，這些流星體受地球引力的作用而改變運動軌道，從而進入地球大氣圈。

流星體本身不會發光發熱，當其飛入大氣層時，與大氣分子發生劇烈摩擦而燃燒，在夜空中表現為一條光跡，就形成了流星。

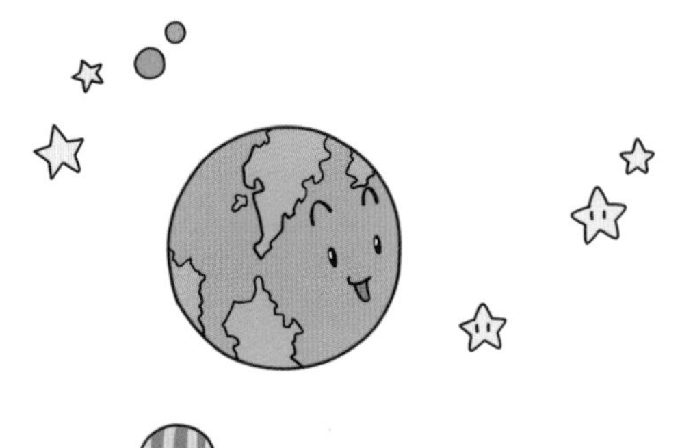

根據觀測數據計算，每年約有 20 噸左右的流星體被吸引至地球上，50 億年來的流星體總質量約為 3.3×1017 噸。地球質量約為 6×1,021 噸，這麼多流星體使地球的質量僅增加了兩萬分之一。

以後還會有流星的，今天還是早點睡吧，明天還要上學呢！

我一定要等到一顆流星……

流星啊流星，願我變得像TT一樣聰明吧！

認識星座

星座的由來

古代時，人們為了方便在航海時辨別方位和觀測天象，於是運用想像力將散佈在天上的星星聯結起來，就形成了今天的星座。星座流傳至今，已經有五千多年的歷史。

白羊座

金牛座

雙子座

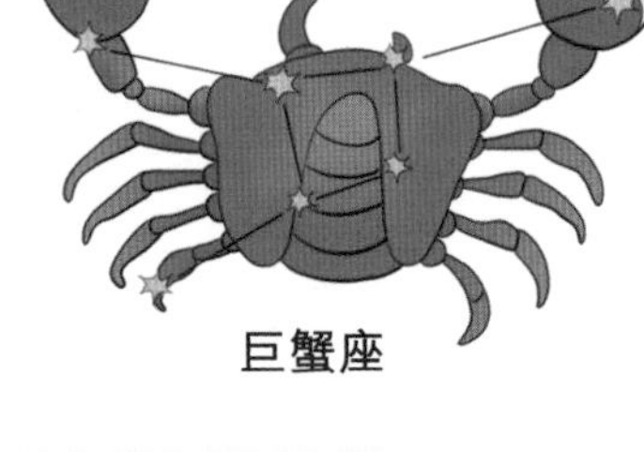

巨蟹座

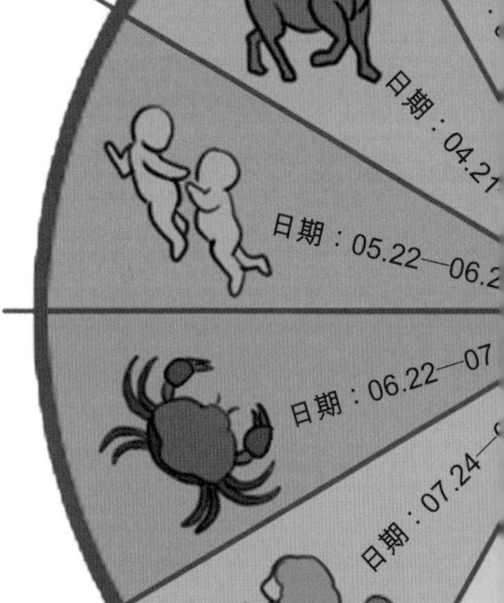

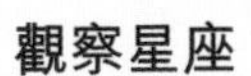

觀察星座

除去十二星座之外，天空中還有許多其他的星座。它們出現的時間和季節各不相同：比如夏天是觀賞獅子座的最好季節，秋季和冬季是觀賞人馬座的最好季節，也有一些星座是一年四季都會出現的。

獅子座

處女座

星座與人生

星座是人為劃定的，實際上組成星座的那些星星離我們十分遙遠，都要以若干光年來計算，它們與我們的人生沒有絲毫關係。說星座能決定一個人一生的命運，決定人生的一切，這些都是迷信的說法，毫無科學依據。

你的星座是？

結合你的出生日期和星座轉盤上的日期，你知道自己是甚麼星座嗎？

北極星看上去靜止不動

怎麼辦？我們沒帶指南針啊。
晚上也沒有太陽，分不清方向了。

沒關係，我們可以用北極星確定方向。

北極星是甚麼星？

北極星是一顆恒星，它在夜空上的位置常年不變，所以可以用來辨別方向。

難道北極星是一顆追隨地球運動的衛星？
為甚麼它的位置不變呢？
北極星可不是衛星，它看上去靜止不動，是因為它在北極的正上方。

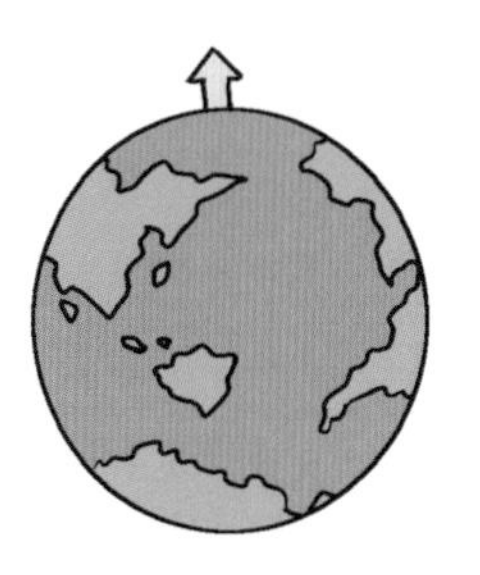

北極星是太陽系外的一顆恒星，位於地球北極正上方四百多光年外的小熊星座。

由於北極星位於北極的正上方位置，當地球自轉時，從地面上觀測的天空是以北極星為中心旋轉的，所以人們會認為北極星不會移動。

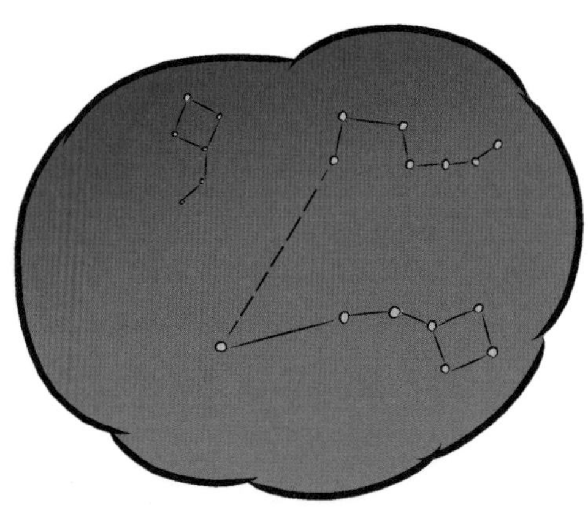

除了北極星外，從地球上看所有恒星的位置都是不變的，如組成各種星座的那些恒星，這也是它們被冠以「恒」這個名字的原因。

恒星的位置不變不意味着它完全不運動，恒星也在進行着自轉和公轉，只是它們距離地球十分遙遠，觀測恒星的視角變化小，所以看起來它們的位置沒有變化。

就好比麻雀在我們
前飛，我們覺得牠
得很快。而飛機在
空飛行，它的速度
麻雀快上百倍，但
們反而覺得飛機飛
很慢。

我們再來找一下北極星吧！
現在哪邊
是北呢？

還有甚麼辦法能辨
別方向嗎？
沒了，等着
雨停吧……

黑洞真的是一個洞嗎？

接着講啊，後來怎麼了？
黑洞這麼厲害，到底是怎麼形成的呢？
我……我去查查書。

哈哈哈！
還是讓我老人家來告訴你們吧！

嗯，的確沒人比你老。

黑洞一開始是恒星，內部有核反應堆，像太陽一樣為周圍的星球提供光和熱。

幾十億年以後，恆星內部的核能耗盡了，就會發生爆炸。

恆星本身既有正電粒子，也有負電離子，爆炸會使其中一種粒子放射出去。

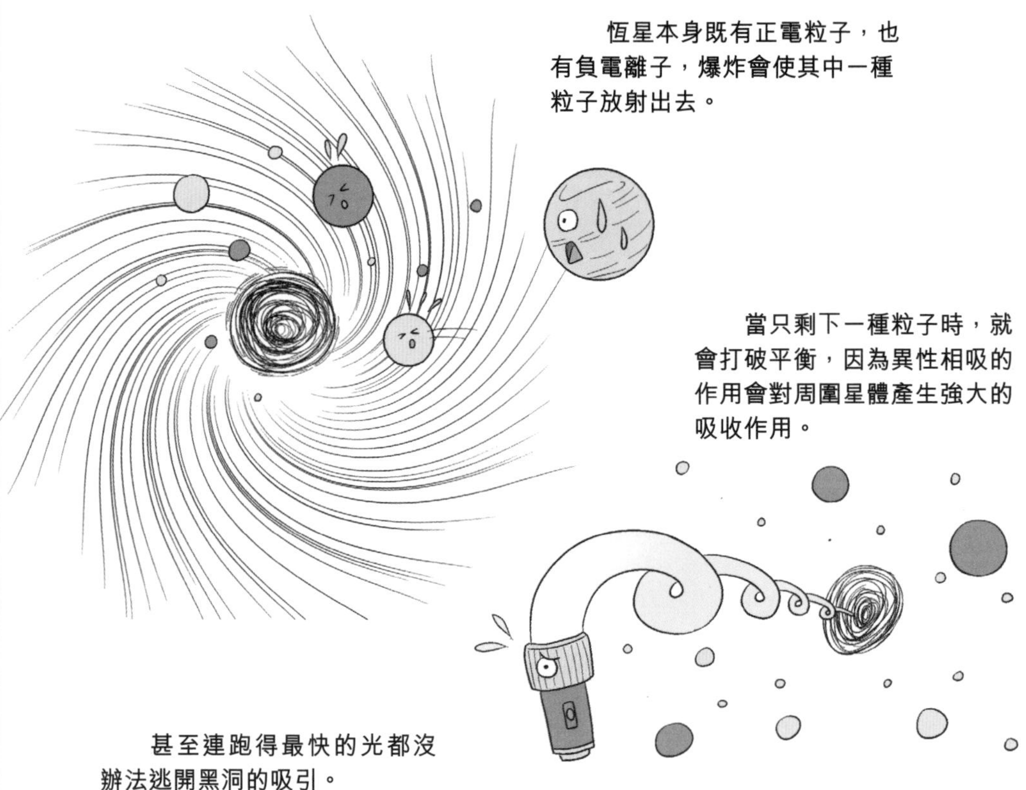

當只剩下一種粒子時，就會打破平衡，因為異性相吸的作用會對周圍星體產生強大的吸收作用。

甚至連跑得最快的光都沒辦法逃開黑洞的吸引。

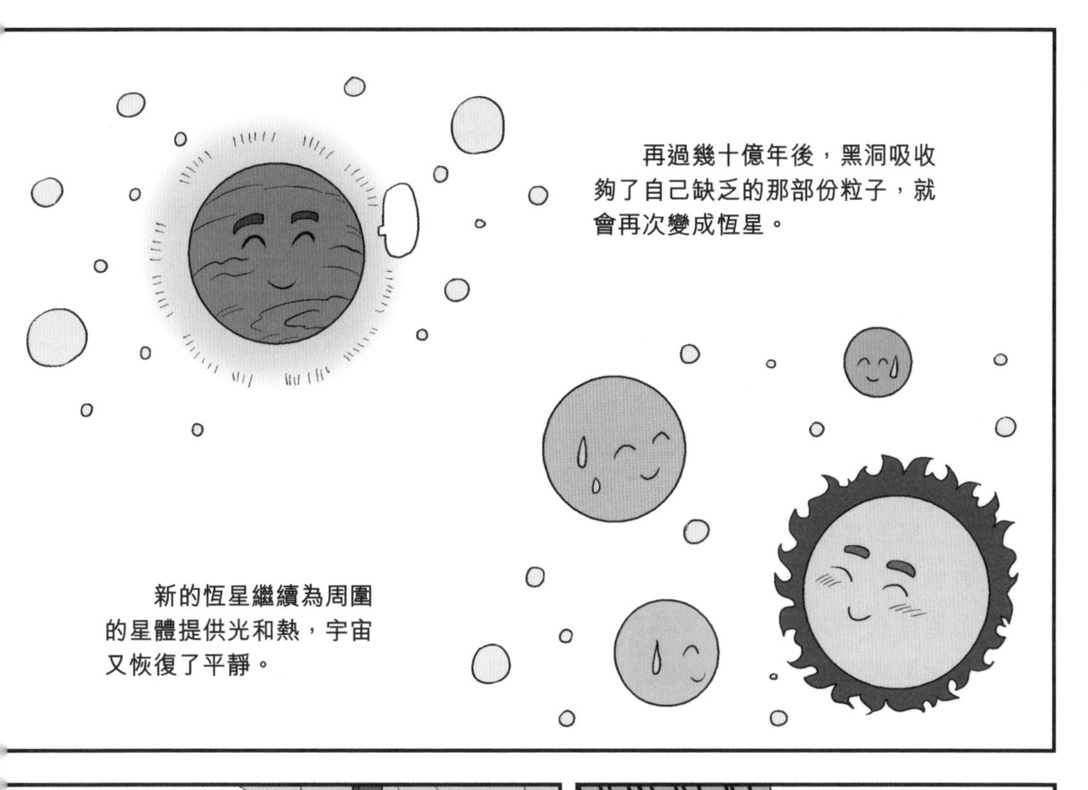
再過幾十億年後，黑洞吸收夠了自己缺乏的那部份粒子，就會再次變成恆星。
新的恆星繼續為周圍的星體提供光和熱，宇宙又恢復了平靜。

住在黑洞旁邊真是可憐啊！
原來黑眼圈就是黑洞變的！食物全被他吃光了！

胡說！我才吃了十桶而已！

十⋯⋯十桶？！

黑洞有甚麼樣的魔力？

宇宙中存在着這樣一個地方，它很神秘，讓你怎麼也找不到，它就是黑洞。你知道黑洞有甚麼樣的神奇魔力嗎？

小貼士：黑洞具有強大的魔力，它能夠吞噬整個宇宙。

黑洞的形成

黑洞其實不是真的洞，它只是一個有着特殊引力的天體。一般認為，宇宙中大多數黑洞是由恆星坍塌形成的。任何靠近黑洞範圍的物質，包括光線，都無法擺脱黑洞的巨大引力，黑洞就像是一個無底深淵，任何物質只要被吸了進去，就永遠無法返回。在許多星系的中心也有一個因引力坍塌而形成的超大質量黑洞，如在類星體的中心，它能夠形成強大的漩渦。

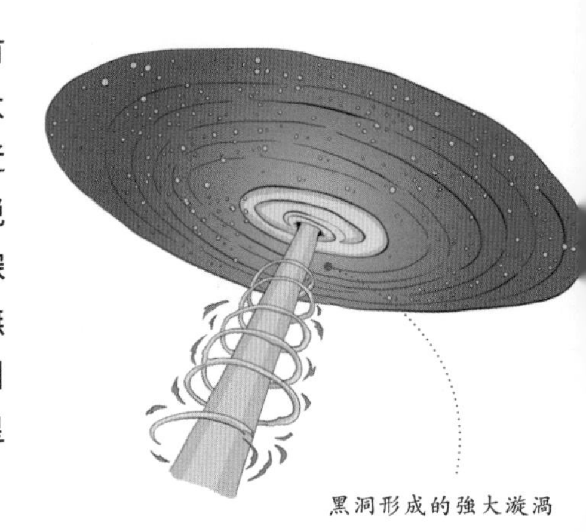

黑洞形成的強大漩渦

黑洞的「隱身術」

黑洞是怎麼把自己隱藏起來的呢？答案就是——彎曲的空間。我們都知道，光是沿着直線傳播的。這是一個最基本的常識。可是根據廣義相對論，空間會在引力場作用下彎曲。這時候光雖然仍然沿任意兩點間的最短距離傳播，但走的已經不是直線而是曲線了。形象地講，好像光本來是要走直線的，只不過強大的引力把它拉得偏離了原來的方向。愛因斯坦和霍金也是通過理論推導出它的，這就是它被稱為「黑洞」的緣故。總之，我們無法通過光的反射來觀看它，只能通過受其影響的周圍物體來間接了解它。

黑洞的神奇魔力

黑洞只有在靠近恆星時才會被探測到，黑洞的強大引力能夠將恆星上的氣流拉離恆星，當有氣體向黑洞傾瀉的時候，恆星周圍會產生螺旋狀的漩渦，它具有強大的吸附能力。漩渦圈中的氣體在旋轉的時候會相互摩擦，在摩擦的同時，氣體也會變熱，並且發出強烈的、刺眼的光芒，最熱地帶可以達到一億攝氏度。

尋找黑洞

當天文學家發現恆星的軌道上有一顆看不見的伴星時，他們可以通過測量伴星的質量來分辨這個星體是一顆中子星還是一個黑洞。中子星的質量不可能超過三個太陽，所以任何質量超過三個太陽的星體就一定是黑洞了。

最古老的宇宙黑洞

現存最古老的宇宙黑洞，天文科學家將其命名為Q0906+6930，它的質量幾乎達到了整個銀河系中的恆星質量的總和，而它的容量幾乎可以裝下1,000個太陽系。這個黑洞形成的時間非常久遠，幾乎和宇宙是並存的，僅僅比宇宙晚形成幾億年而已，像這樣大容量且年代久遠的黑洞實屬罕見。

為甚麼會下「流星雨」？

好期待啊！
哪裏有雨？
此雨非彼雨也。

彗星等星體在繞太陽運行的過程中，會被太陽風吹落一些小碎片，如金屬、岩石、冰晶等。
當地球運行到這個小碎片區域時，碎片會進入大氣層，與大氣摩擦燃燒，燃燒所產生的光跡就是流星。
流星雨是一種成群的流星，是墜落下來的特殊天體。在某些時間，可以看到一定數量的流星的反向延長線都經過一個很小的天區。這些就是我們看到的流星雨。
看！
流星雨！

據說流星劃過的時候許願是很靈的，快點兒許願吧！
明白了。
……
……
……
你們剛才都許的甚麼願望啊？
好了，咱們回家吧！
希望TT以後煮飯不要那麼難吃。
我想讓TT變得更像女生。

「掃把星」到底是甚麼？

笨！彗星不過是由冰凍物質和塵埃組成的。
好熱啊！
當彗星靠近太陽時，太陽的熱使彗星物質蒸發，形成一條稀薄物質流構成的彗尾。
這麼說的話，彗星其實不是災難的象徵囉？
哼！如果撞到地球上來，仍然是災難啊！
地球的表面有厚厚的大氣層，彗星進入大氣層後會因摩擦而發熱融化，所以不用害怕啦！
那我就放心了！

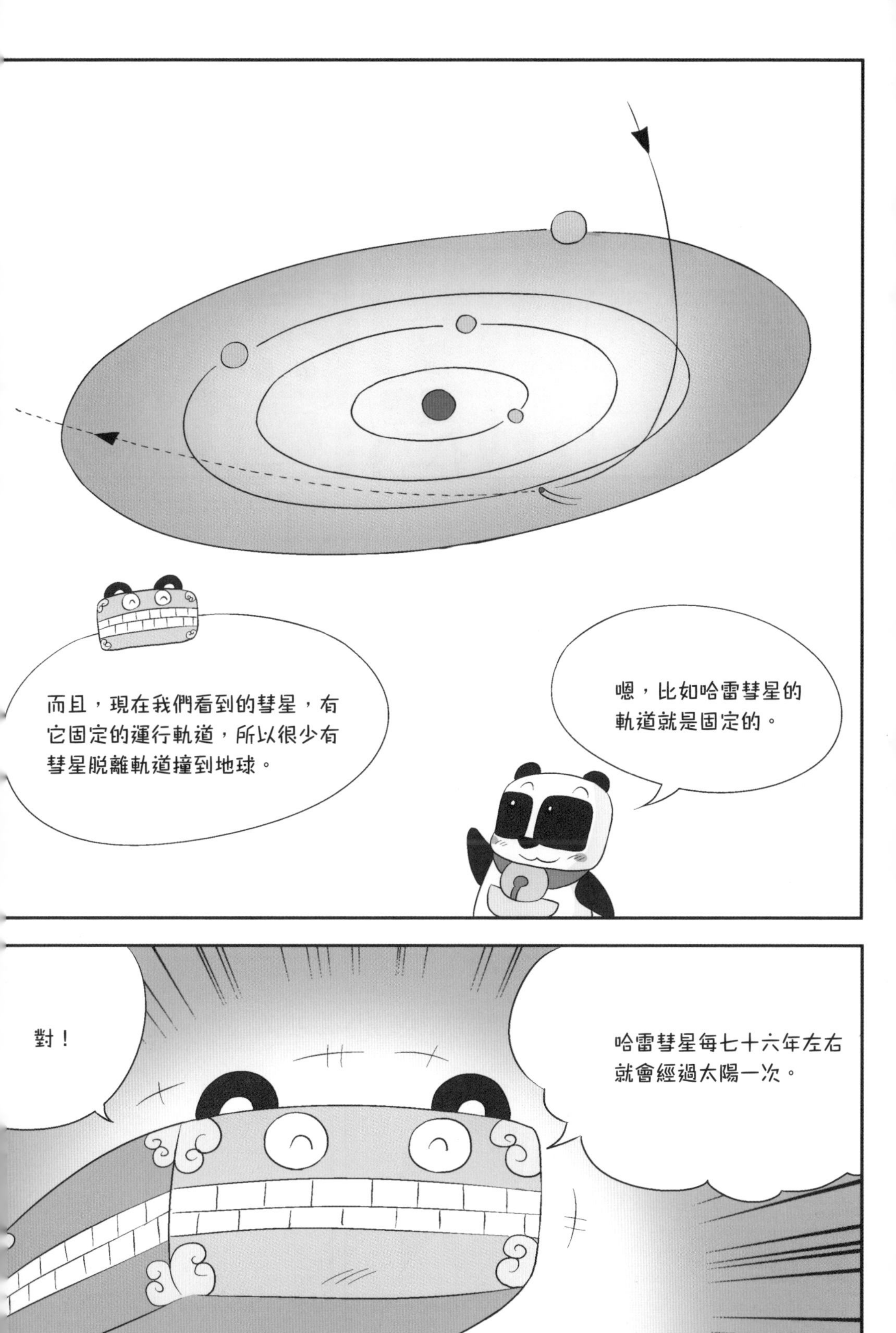
而且，現在我們看到的彗星，有
它固定的運行軌道，所以很少有
彗星脫離軌道撞到地球。
嗯，比如哈雷彗星的
軌道就是固定的。
對！
哈雷彗星每七十六年左右
就會經過太陽一次。

彗星雖然看起來很大，但實際上卻小得可憐。
怎麼會呢？
啊？

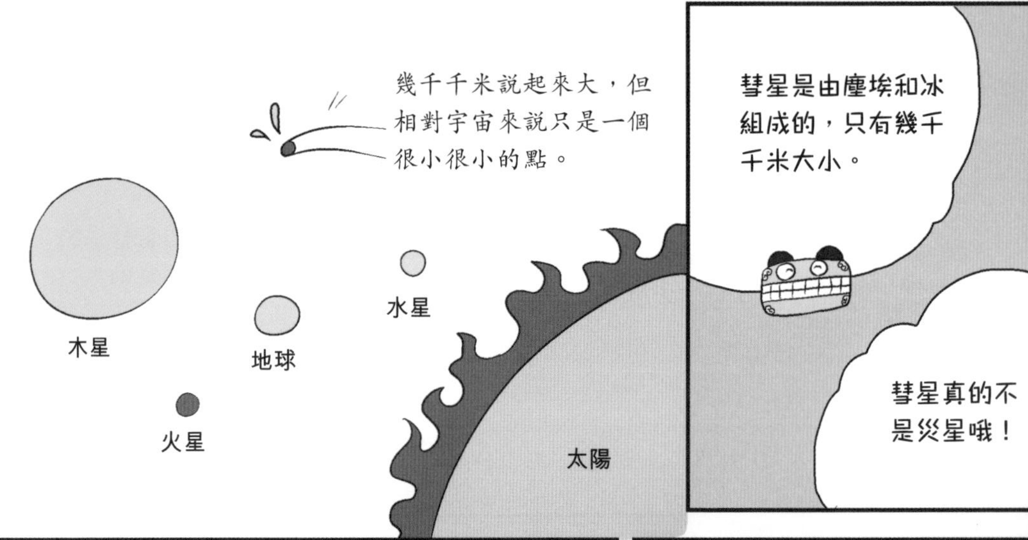
幾千千米說起來大，但相對宇宙來說只是一個很小很小的點。
木星
地球
水星
火星
太陽
彗星是由塵埃和冰組成的，只有幾千千米大小。
彗星真的不是災星哦！

對不起，我錯怪你了，歡迎下次來地球作客。

太陽和太陽系

太陽系是以太陽為中心和所有受到太陽的重力約束天體的集合體。太陽系包括 8 顆行星，至少 165 顆已知的衛星，5 顆已經辨認出來的矮行星和數以億計的太陽系小天體。這些小天體包括小行星、柯伊伯帶的天體、彗星和星際塵埃。太陽系即由太陽及在其引力作用下圍繞它運轉的天體構成的天體系統。人類所居住的地球就是太陽系中的一員。

太陽家族

太陽是萬物之源，在龐大的太陽系家族中，八大行星及數以萬計的小行星沿着自己的軌道亙古不變地繞太陽運轉着，同時，太陽又慷慨無私地奉獻出自己的光和熱，溫暖着太陽系中的每一個成員，促使它們不停地發展和演變。

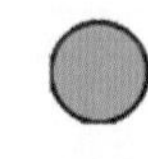

太陽系新「家譜」

一、行星

成員包括水星、金星、地球、火星、木星、土星、天王星和海王星。

定義：圍繞太陽運轉，自身引力足以克服其剛體力而使天體呈圓球狀，並且能夠清除其軌道附近其他物體的天體。

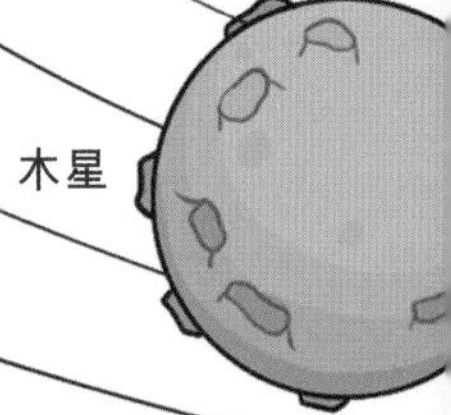

八大行星的體積比較圖

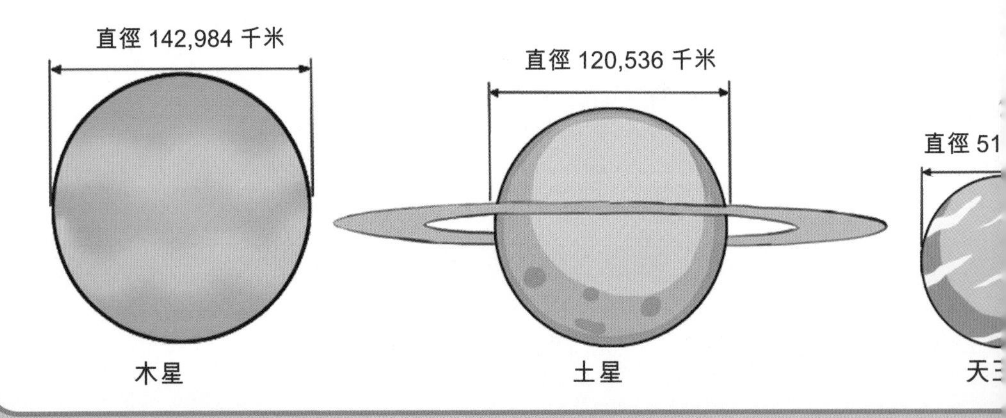

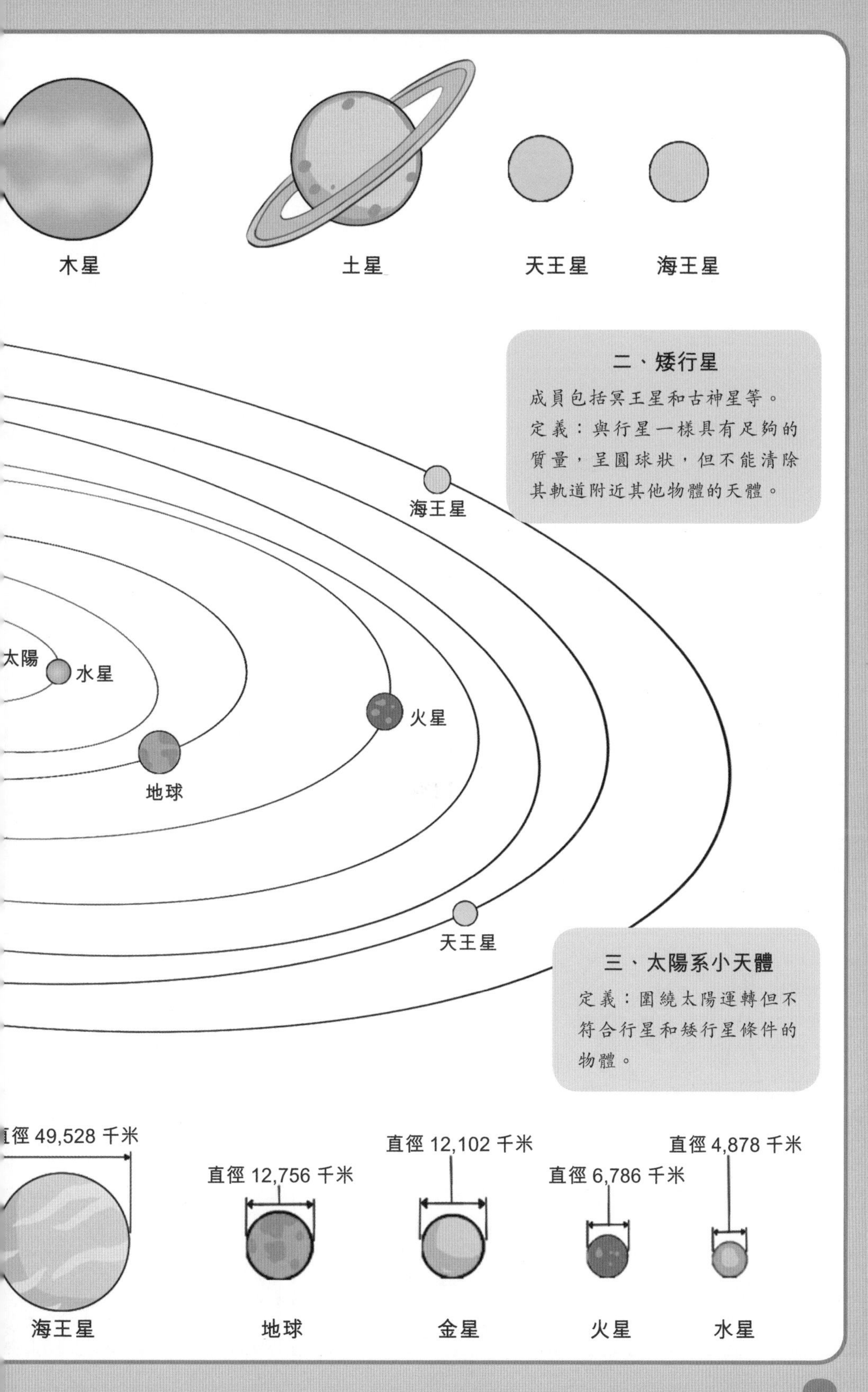

二、矮行星

成員包括冥王星和古神星等。
定義：與行星一樣具有足夠的質量，呈圓球狀，但不能清除其軌道附近其他物體的天體。

三、太陽系小天體

定義：圍繞太陽運轉但不符合行星和矮行星條件的物體。

太陽會東升西落

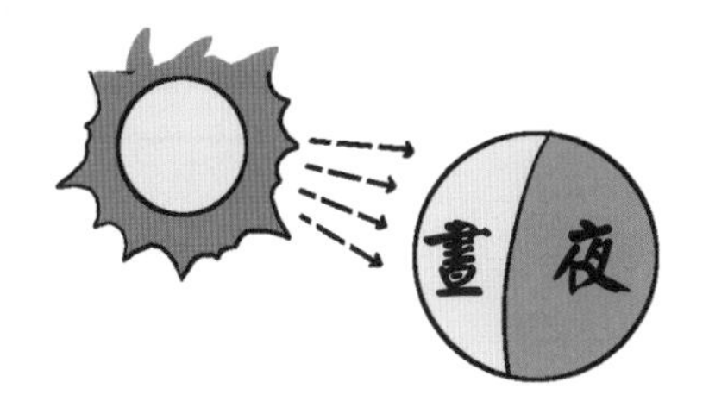

陽光從水平方向投射到地球上，將地球分成了晝半球和夜半球。地球繞地軸自西向東自轉，使晨昏線不斷移動，就形成了我們看到的「太陽東升西落」的現象。

太陽和地球處於同一平面，但是地球的地軸與這個平面呈約 66.5° 的傾斜關係，因此太陽光的直射點會在地球的北回歸線、赤道、南回歸線之間來回移動。

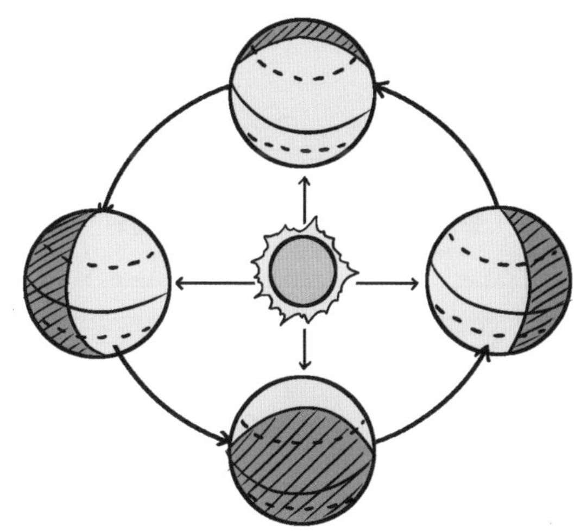

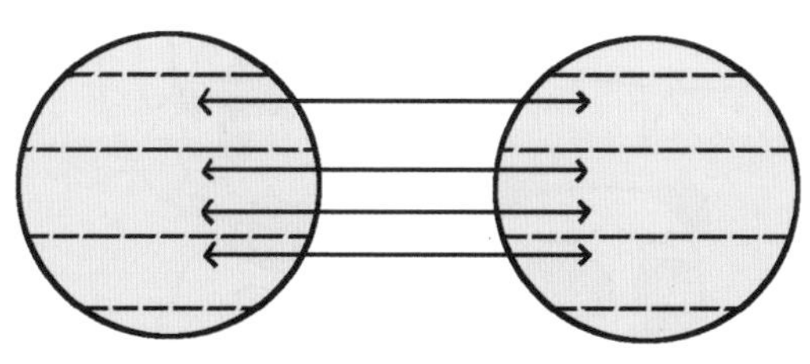

東升西落其實是一種粗略的說法。實際上，只有春分和秋分陽光垂直照射赤道時，太陽才是從正東位置升起、從正西位置落下。

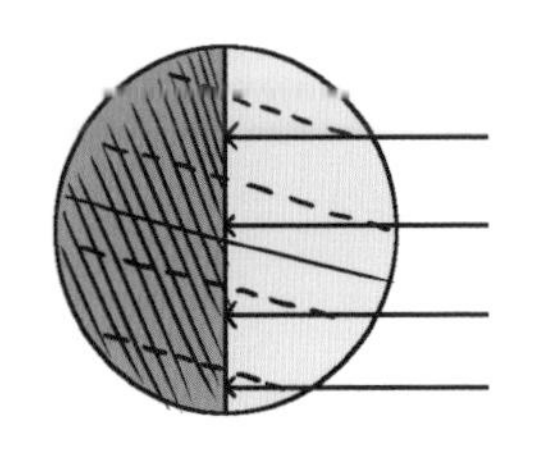
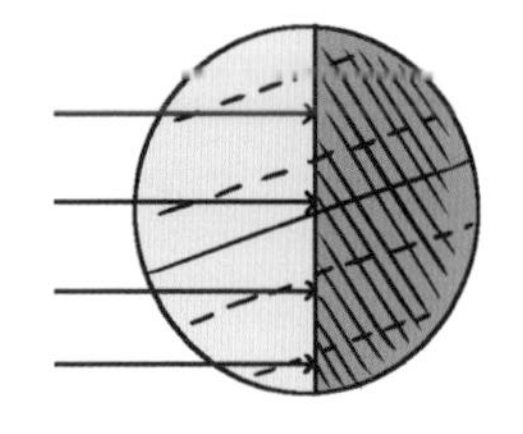

夏至前後，當太陽光的直射點在北半球時，太陽就會從東北升起，從西北落下。

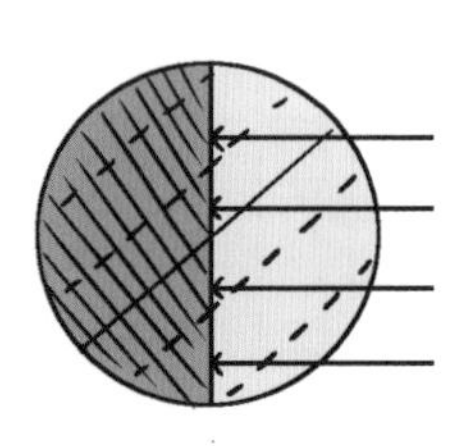
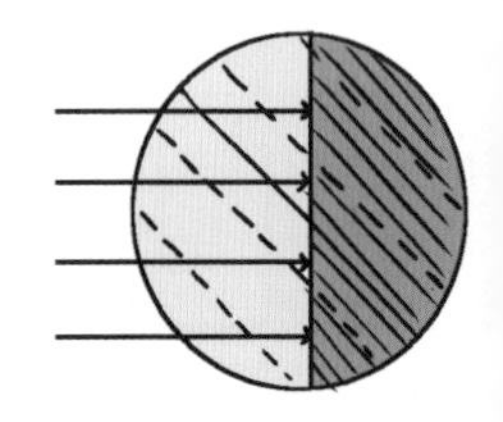

冬至前後，當太陽光的直射點在南半球時，太陽就會從東南升起，從西南落下。

太陽會發光發熱

我想借你的影子
乖乖涼嘛。

不要離我那麼近啊，你也
在散發熱量啊。

小野人這麼瘦，黑眼圈
你那麼胖，你散發的熱
量會比較多吧？

那太陽得
多胖啊，
能發出這
多熱量。

太陽發光發熱和
胖沒有關係啊！
那為甚麼太陽會
發光發熱呢？

這是因為太陽的內部會
發生核聚變反應。

太陽的表面溫度和中心溫度都很高。高溫使物質氣化，因此太陽整體是由氣體構成的，其中氫氣和氦氣佔了絕大部份。

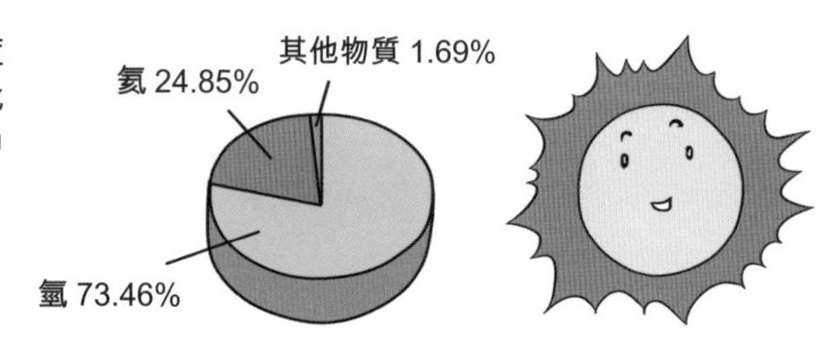

太陽的總質量約為 2×10^{30} 千克，是地球的 33 萬倍，因此太陽本身具有強大的引力。這種引力使太陽上的氣體向中心聚攏，並不斷壓縮，形成了核聚變反應。

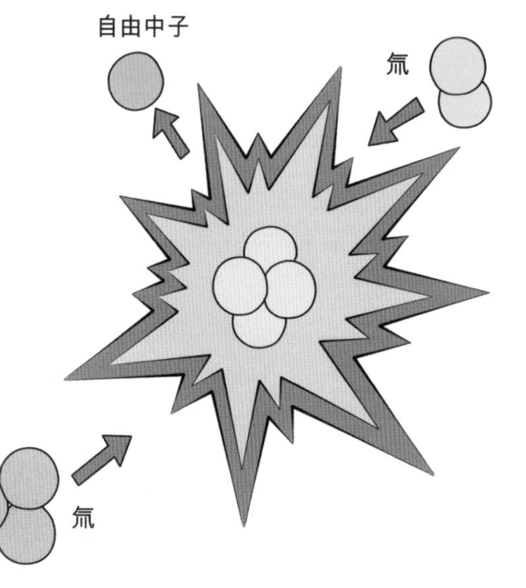

核聚變使太陽的溫度不斷升高，同時向外散發出各種光線和熱輻射，因此太陽產生了光和熱。

原來如此，怪
不得這麼熱！

是啊，很久以前天上可是有十個太陽呢，真不知道那時候的人是怎麼過的。

甚麼？十個太陽？！
是啊，以前有十個太陽，總是一起出來作惡，後來被一個叫后羿的英雄射掉了九個。不過，這只是一個傳說啦！

哎，真可惜……那個后羿為甚麼不全部射掉呢？那樣就不會這麼熱啦！

太陽會「長斑」

哪兒弄壞了？

那你為甚麼給它換鏡片呢？

今天我們要觀測一下太陽，因為太陽光非常強烈刺眼，所以需要給它加裝一種專用的鏡片。

我先來看看！

這個鏡片髒了嗎？怎麼看到的太陽有好多斑點？

我看看。

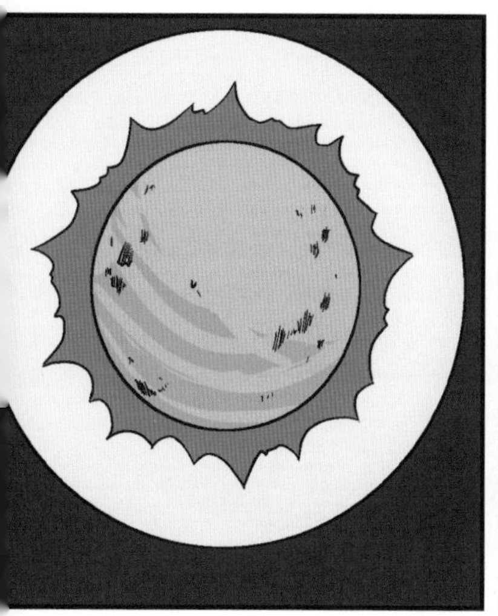

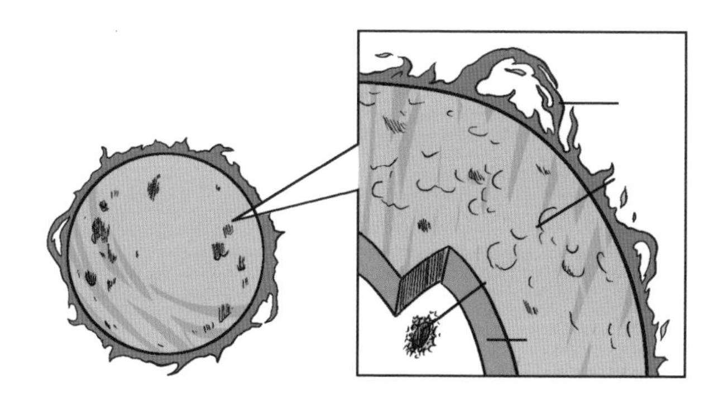

太陽黑子是在太陽的光球層上發生的一種太陽活動。在太陽的光球層上有一些漩渦狀的氣流，像是一個中間下凹的黑色淺盤，這就是太陽黑子。

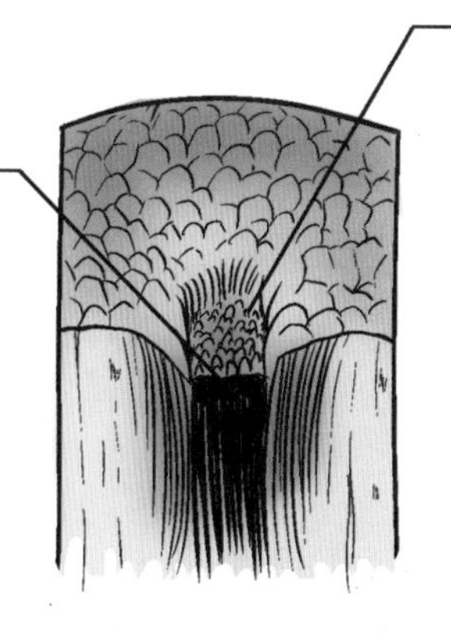

太陽黑子本身的溫度比四周的溫度要低 1,000 至 2,000 ℃。

當太陽黑子釋放其電能時，它們將帶有負電荷的電離子束射入太空。這些電離子進入地球的大氣層，可以破壞地球高空的電離層，使大氣發生異常，還會干擾地球磁場。

極光

通信中斷，導航系統失靈。

放心吧，我們
會注意的。

月球上也有黑
子嗎？

月球黑子？從沒
聽說過……

哦哦……黑子消失了！

太陽黑子是黑色的嗎？

太陽黑子就像是太陽臉上的點點雀斑，無論怎樣都不會消退。太陽黑子有時多，有時少，有時明顯，有時模糊。你知道甚麼是太陽黑子嗎？太陽黑子真的是黑色的嗎？

小貼士：太陽黑子並不是黑色的，只是在太陽耀眼的光芒下變成暗淡的「黑色」了。

最早記錄的太陽黑子

公元前28年，在《漢書·五行志》中記載：「三月乙未，日出黃，有黑氣大如錢，居日中央。」這句話的意思是說，三月底的這天，太陽的中間出現了一團銅錢大小的黑氣。簡單的幾句話就詳細地介紹了太陽黑子出現的時間、位置、形態和大小等特徵。

太陽黑子的「蝴蝶圖」

1904年，英國天文學家愛德華·蒙德在研究太陽黑子活動時，發現了一個有趣的現象：記錄太陽黑子週期變化的圖標竟然顯示出一幅幅展翅飛舞的蝴蝶圖案。科學家們建立了太陽表面和內部的各種熱氣流電腦模型，力圖從太陽能發電機效應的角度入手，來解開「蝴蝶圖」的神秘謎底。

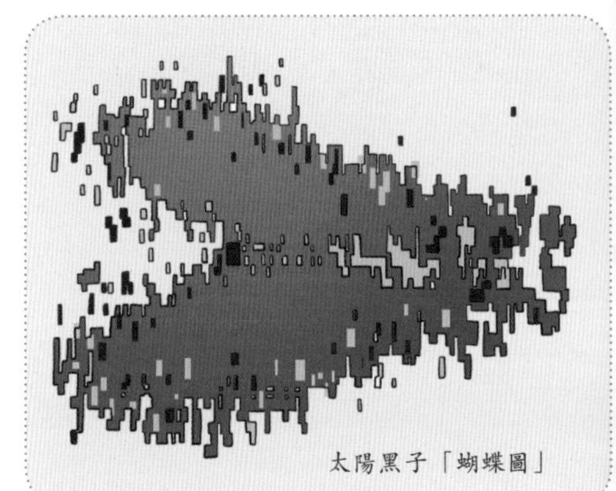

太陽黑子「蝴蝶圖」

太陽黑子是黑色的嗎？

太陽黑子是黑色的嗎？其實，它本身並不是黑色的。那麼，人們為甚麼將它稱為「太陽黑子」呢？這是因為它的溫度比周圍環境的低，在明亮的光線襯托下，黑子本身的亮度顯現不出來，所以它就變得暗淡。關於太陽黑子形成的原因，一直是眾説紛紜。比較主流的説法是太陽在發生核反應時產生了大量廢料，就形成了所謂的太陽黑子。不過，這只是一種猜想，並沒有一定的科學依據。

太陽黑子出現的時間

太陽黑子出現的時間長短不一，有些一日之內便消失得無影無蹤，有些可以潛伏在太陽表面長達一個月之久，甚至個別太陽黑子存在的時間接近半年。

據不完全統計，中國古代從漢代至明代對太陽黑子的記錄超過一百次，歐洲的黑子紀事是公元 807 年 8 月 19 日開始的，但還被認為是「水星凌日」現象。歐洲發現黑子的功勞應該歸功於伽利略，他在公元 1610 年發明望遠鏡時才確認了太陽黑子。這也為現代科學研究提供了寶貴的經驗。

太陽黑子的活動週期

中國是世界上最先發現太陽黑子的國家，早在中國古代，當時的中國人就已發現了太陽黑子的存在。太陽黑子一般成群出現在太陽表面，天文學家又將其稱為「黑子群」。黑子的形成週期短，形成後幾天到幾個月就會消失，新的黑子又會產生。太陽黑子是太陽活動的重要標誌，其活動週期平均為 11.1 年。

太陽是太陽系的
「家長」

又讓老師請家長！每次你在學校淘氣、惹麻煩，我就得來趟學校，還得等到這麼晚！
好啦，我知道錯了……

犯了錯誤，老師就要請家長嗎？
當然啦！

那你們說天上星星的家長是誰呢？
怎麼想到這兒啦？

我猜星星的家長應該是太陽，因為太陽是最大的呀！你們說呢？

太陽看上去大是因為它離地球相對比較近。

不過為甚麼說太陽是太陽系的「家長」呢？
這個嘛，因為太陽很厲害呀！

太陽系是由太陽、八大行星、幾十顆衛星和不計其數的小型天體及星際塵埃構成的，而太陽就是這個大家庭的「家長」。

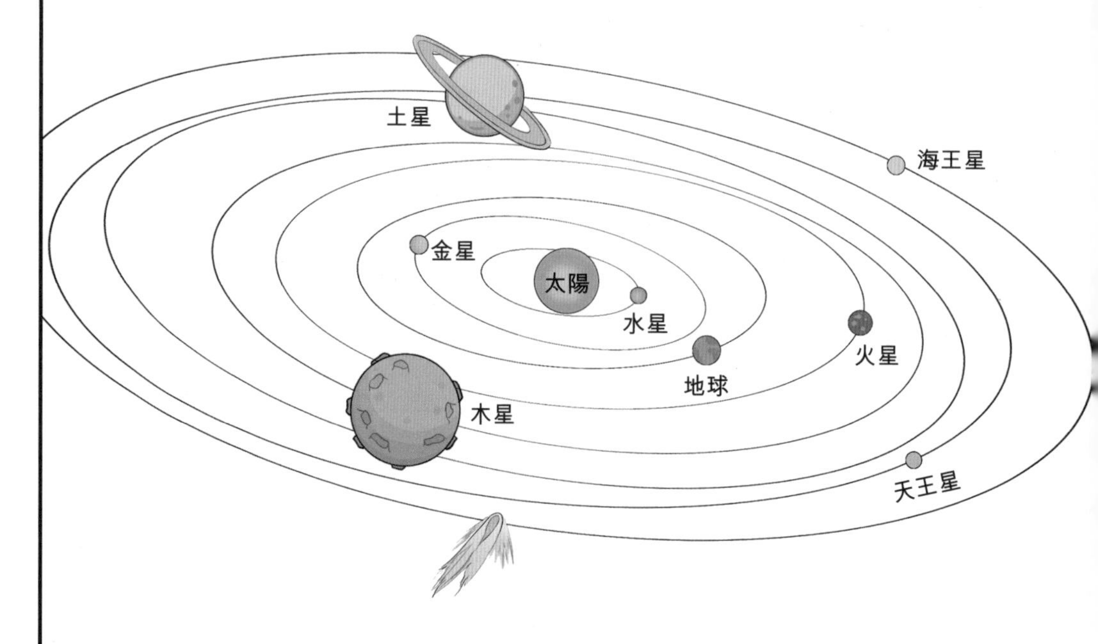

太陽是太陽系的母星，位於太陽系的中央。太陽系質量的99.87% 都集中在太陽上，因此太陽存在強大的引力，能把太陽系中的其他天體緊緊吸引住，使它們圍繞太陽運轉。

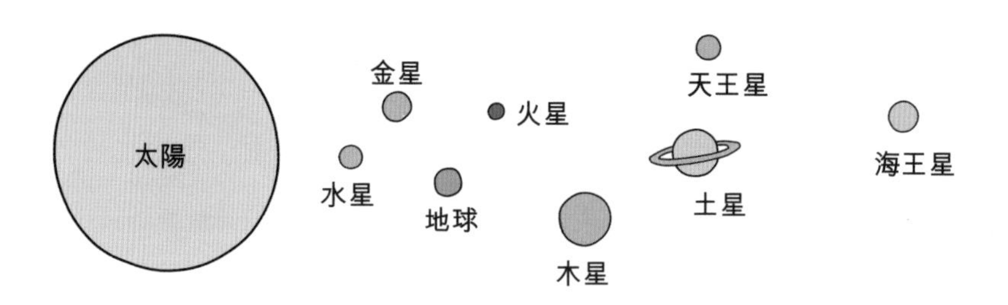

太陽像家長一樣給周圍星體帶來光和熱。

同樣的，我這樣辛苦、努力地照顧你們倆，我是你們的甚麼呢？

傭人？
保姆！

正確的回答應該是「太陽」啊！

太陽也會「死」

據天文學家測算，太陽的壽命可達一百億年，目前太陽大約50億歲。儘管太陽在逐漸「衰老」，但是其光度會繼續增加。

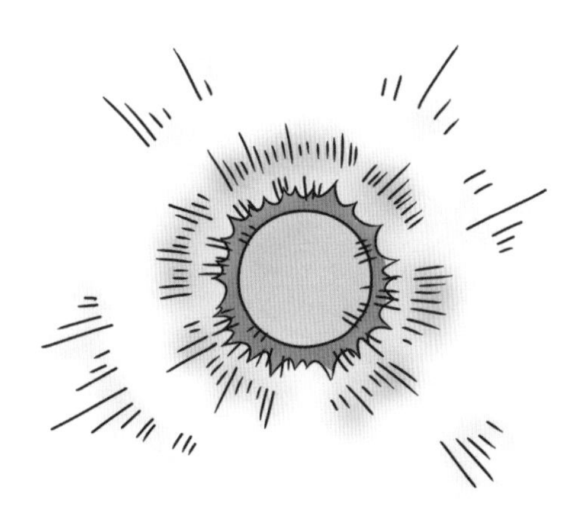

太陽核心部份的「燃料」用光後，就會猛然收縮，使溫度迅速提高，原來外層部份沒有燒過的「燃料」會燃燒起來。此時太陽會驟然膨脹，成為一顆「紅巨星」。

「紅巨星」階段的太陽在膨脹的過程中會吞噬掉水星和金星，而地球的運行軌道恰好在這個太陽表面的位置，這時的地球即使不被太陽「吞掉」，也會被烤成一團熔岩。

太陽的「紅巨星」階段大約會持續十億年時間。當所有可「燒」物質都用完了，太陽開始再次收縮，變為現在體積的十分之一左右。

儘管太陽表面溫度高達 10,000℃，但表面積變小，發出的熱量也會減少，太陽進入「老年期」，就會變為像「白矮星」一樣的天體。

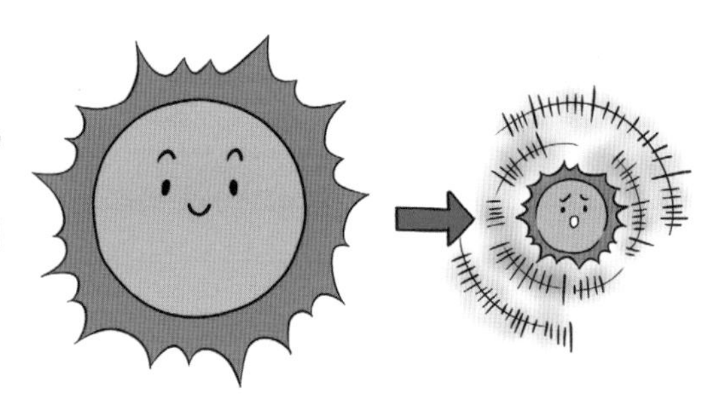

儘管「白矮星」表面溫度高、體積小、密度大，但由於沒有內部能源，所以這個「老年期」的太陽並不能永遠維持下去，它將會逐漸冷卻，最後成為一個「黑洞」。

太陽變成黑洞⋯⋯太可怕了！我們該怎麼辦？怎麼辦？！

太陽消失的話，也沒甚麼好擔心的啊！

難道你有好辦法避免世界末日？

等太陽消亡那天，我們早就不在人世了，當然不用我們操心這個事情。

太陽風會造成甚麼影響？

太陽會吹風嗎？它總是給人一種溫暖、寧靜的感覺。其實，在宇宙中包括太陽在內的很多恆星都會吹風。你知道太陽風對人類的生活有哪些影響嗎？

小貼士：太陽風能夠造成電網停電、使無線電通信受到干擾、使科學衛星脫軌甚至報廢。

太陽風 · 甚麼是太陽風？

甚麼是太陽風？太陽風在宇宙中真的存在嗎？其實，「太陽風」這種現象的確存在，只是我們難以用肉眼看到它們罷了。天文學家觀測發現一股從恆星上層大氣內射出的超聲速帶電粒子流，而太陽的這種粒子流是連續的，以每秒鐘 200 至 800 千米的高速射出。由於這些比原子還要小的基本粒子在流動時產生了與空氣流動相似的效果，所以天文學家給這種流動起了一個名字，叫作「太陽風」。

太陽風的形成

從太陽的赤道區域發射出來的太陽風，起源於太陽大氣內部的亮區邊緣，當兩個亮區的磁場結合時，就會產生這種太陽風。太陽隨同太陽風一起發射出來的放射物是純粹的能量，太陽風迅速將物質轉移走。太陽的磁場為太陽風的粒子提供了加速度，並且這種磁場的結構會影響太陽風衝進太空時的速度。太陽風的威力相當強，在衝出冕洞逃向太空的過程中，裹在其中的太陽磁場迅速向四面八方擴散，這股狂風甚至可以吹遍整個太陽系。

可怕的太陽風

由於地球磁場的保護作用，兇猛的太陽風一般不會襲擊地球。然而百密一疏，少數漏網之「風」還是會偷偷闖進來。當太陽風掠過地球時，會對地面的電力網、管道和其他大型結構發送強大元電荷，會影響輸電、輸油、輸氣管線系統的安全。它對運行的衛星也會產生影響。另外，太陽風的輻射還會引起人體免疫力下降，容易引起病變，也會使人情緒易波動，甚至使車禍的次數增多。而且，強大的太陽風還會使氣溫急驟增高。

太陽風災難事件

1989 年 3 月 13 日，太陽風暴襲擊加拿大魁北克電站，電壓器被燒毀，造成該地區電網停電；很多近地衛星和同步軌道衛星發生異常、軌道改變，甚至報廢；全球無線電通信受到干擾或中斷；輪船、飛機的導航系統失靈；日本一顆通信衛星異常，美國一顆衛星軌道下降，美國海軍的四顆導航衛星提前一年停止服務，預警跟蹤目標丟失六千多個；太空人、高空飛機乘客受到超過警戒值的輻射劑量。

太陽風的速度

太陽風的速度超快，地球上任何一類狂風都無法與之相提並論，包括讓我們聞之色變的颱風和龍捲風。

速度較快的太陽風起源於太陽極點附近的冕洞，它的運行速度每小時大約可達 290 萬千米。

速度較慢的太陽風來自太陽赤道區域，時速可達 72 萬千米到 180 萬千米。

八大行星排在同一平面上

好漂亮啊！

我的表姐
嘛，當然
很漂亮！
嗯？她好
像沒有寄
照片來啊。

我們說的是明信片背
面的圖片。

這個圖片是挺好看的，不過
上面有點小錯誤。
甚麼錯誤啊？

八大行星基本
上是位於同一
平面上，不會
像這個圖片上
擠成一團的樣
子。

太陽系中所有星體最初是一體的，屬於同一團巨大的塵埃和氣體，在引力的作用下它們逐漸凝聚起來，旋轉的速度也逐漸增加。

由於離心力的作用，自轉的物質團將一些物質甩出。所有被甩出的物質，基本上都是從離心力最大的太陽赤道附近沿着相似的軌跡被水平甩出的，由此構成了一個巨大的薄層。

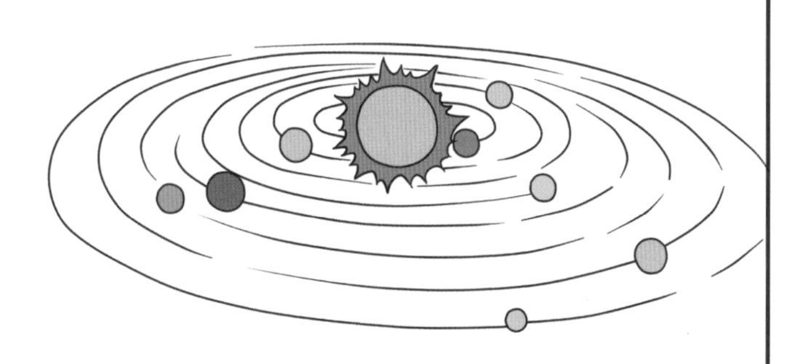

被甩出的物質體積和質量不足物質團總量的十分之一，它們在充滿微小物質的薄層中凝聚成各個行星，這些行星在薄層上繼續圍繞中心運轉，因此八大行星始終處於同一平面。

她說她工作太忙，
以後都不能陪我
去逛街啦！

只能說你和你的表
姐以後「不在同一
平面」啦！

她還說，以後我也不
能去太空署參觀了！

只要你給我們買東
西吃，我和小野人
都會陪你逛街。
對啊！太
空署有甚
麼好看的
又沒有好
吃的！

混蛋，你們怎麼就沒有一
點同情心呢？

水星上有好多好多水嗎？

哇哈哈哈哈，太好玩了！
能游泳真是好啊！
游泳館門票很貴的，一年來一次就行了。
小氣！
我不認識他，我不認識他……
如果能生活在水星上，就可以天天游泳了。

小野人，火星上
有甚麼？
當然是火了！
那木星、土星、金星上
都有甚麼？
木星上有木頭，
土星上有土，
金星上當然有金子了！
我們去金星吧！
天文學家是根據五行
學說給行星起的名字，
才不是你說的那樣呢！
啊？不是嗎？
而且，水星距離太陽非常近。它
向着太陽的一面，溫度高達 400℃以
上，就算有水也蒸發了。而背着太陽
的一面，溫度非常低，根本無法形成
液態水。
所以在水星游泳
是不現實的。
好吧！那就去
金星挖金子吧

火星上有沒有生命？

主要是這個問題太複雜了！人們認為火星有生命，是始於 1877 年……
別磨磨蹭蹭，快說！

天啊！火星上的紋理，多像一條條水道啊！

聽説了嗎？火星上有運河耶！
這一消息傳出去後，被錯誤翻譯成了「火星上有運河」。
火星
火星上有運河，河邊是火星人種的莊稼。
人們開始猜測火星上有生命，而「水道」之間的深色部份，被傳言説成火星人種的莊稼。
我猜種的是小麥，可以用來製作美味的麵包。
沒有親眼見到，打死我也不相信火星上有運河！
但有些天文學家持否定態度，認為「運河」是人的視覺誤差而已。
看！火星上果然沒有生命！
1976 年，「海盜 1 號」宇宙飛船登上火星之後，發現火星只是一個貧瘠死亡的星球。

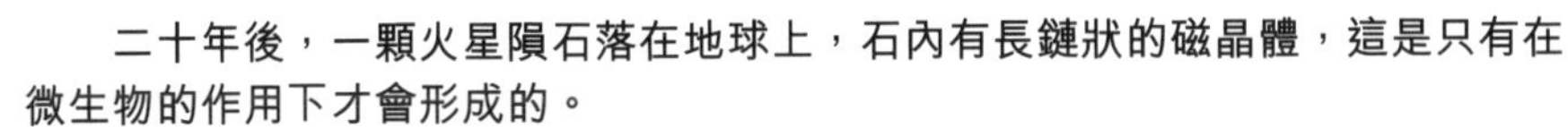
二十年後，一顆火星隕石落在地球上，石內有長鏈狀的磁晶體，這是只有在微生物的作用下才會形成的。

金星又叫作「啓明星」

那也不用起這麼早啊，
你看那邊還有星星呢！

那是啓明星哦
看到它就說明
快亮了。

甚麼是啓明星？

其實就是金星啦！它還有別的名字呢，比如晨星、昏星、長庚星、太白金星……

為甚麼金星有這麼多名字啊……

這主要和金星出現在天空的時間和位置有關係。

金星被叫作「啓明星」，是因為在清晨時它會出現在東方的地平線上，有着「開啓黎明」的意義，此時的金星也叫作「晨星」。

金星也叫作「長庚星」，「庚」有「西方」的意思，因為金星經常出現在太陽落山時，因此這顆「總在西邊出現的星星」也被命名為「長庚星」，此時的金星也叫作「昏星」。

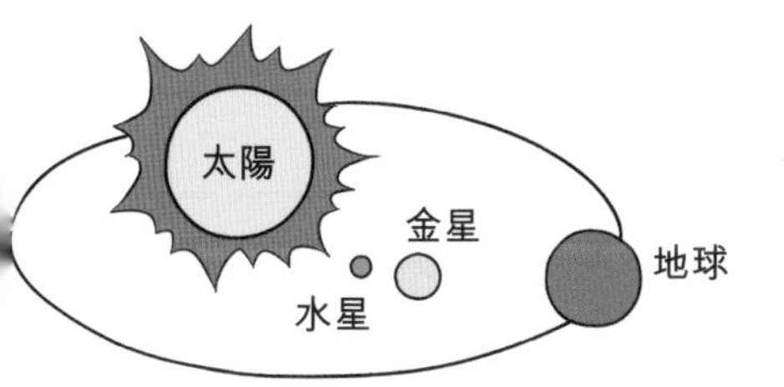

金星和水星位於地球的公轉軌道內側，因此我們在地球上無法在深夜觀測到金星。

金星的體積是水星的十幾倍，其表面具有厚密的大氣層，可有效反射太陽光線，這是其位置距離太陽遠，但比水星亮的原因。

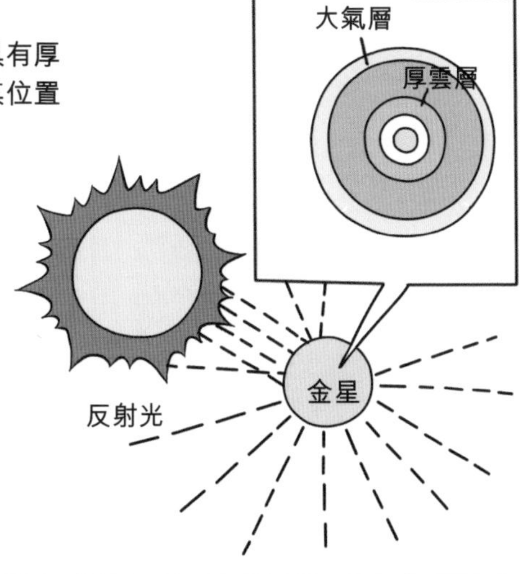

大氣層中有一層含有濃硫酸液滴的雲層，其中還摻雜着硫粒子，所以呈現黃色。

那為甚麼
只有清晨
和傍晚才
能看見金
星呢？
???

因為這兩個時候的太陽亮度比
較低，當太陽升起後，金星的
光芒就被陽光掩蓋了。

說起來，TT 你就像
我們的金星啊！
為甚麼這麼說？

起床啦！懶蟲！
每天早上天
沒亮你就起
床了，把我
們都從床上
叫起來。

該回家了！
傍晚天黑時又負責
叫我們回家。

TT在這兩個時候是最耀眼的！
是呀！是呀！

哼！再也不管你們倆了！以後上學遲到、沒寫作業被老師罵，我都不管了！

別！我們錯了……

金星上甚麼東西最多？

金星是距離我們最近的一顆行星，它也是除了太陽和月亮以外，我們在地球上看到的最明亮的星。你了解金星嗎？你知道金星上數量最多的東西是甚麼嗎？

小貼士：科學家研究發現，金星上的火山最多，其數量超過一百萬座。

金星·探索歷程

人類從很早就開始了對金星的探測，1950 年科學家就已經用高倍天文望遠鏡去觀察金星的表面。後期隨着科學技術的發展，蘇聯和美國從 1961 年起，先後向金星發射了三十多枚探測器，從近距離觀察飛躍至着陸探測。1962 年，「水手 2 號」飛行器第一次抵達金星，飛行器對金星的訪問達二十次以上。1967 年 10 月 28 日，蘇聯的「金星 4 號」飛船進入金星大氣層。1970 年 12 月 15 日，「金星 7 號」順利抵達金星表面。

金星的表面

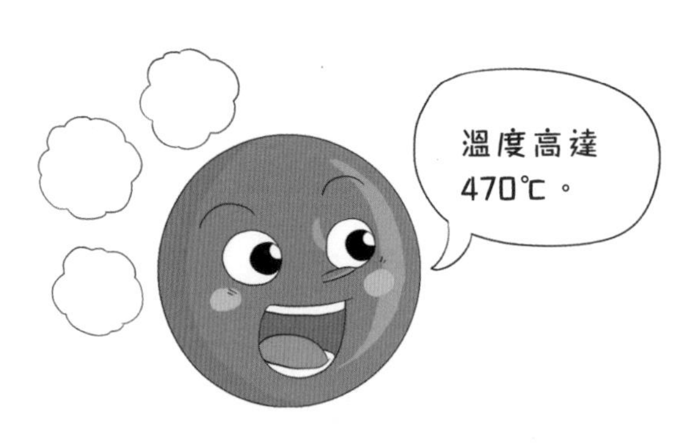

1970 年，「金星 7 號」在順利抵達金星表面之後，據傳輸數據表明，金星上面的大氣成份主要是二氧化碳，還有小量的氧氣、氮氣等氣體，表面溫度達 470℃。不僅如此，金星表面複雜多變，天空呈現橙黃色，經常伴隨着電閃雷鳴並下起硫酸雨。在着陸艙下降期間，記載了一次長達 15 分鐘的閃電。這次探索給天文學家研究金星提供了重要的科學依據，也開啓了金星探索的新紀元。至此，人們徹底揭開了金星的神秘面紗。

金星上的火山數量多

説到金星，就不得不説金星上的火山。金星上的火山眾多，僅大型火山就有 1,600 處之多，其中最大的一座盾形火山直徑為 700 千米，高度達 5,500 米，令人嘆為觀止。

不僅如此，金星上還有大量的小型盾形火山，它們很規律地成串分佈，被科學研究者們稱為「盾狀地帶」。

目前科學家在地圖上標註的盾狀地帶大約有 550 個，多數直徑在 100 至 200 千米之間。

至於直徑小於 20 千米的火山，數量簡直是多如牛毛，保守估計有 10 萬個以上。

金星和地球

有人稱金星是地球的姊妹星，確實，從結構上看，金星和地球有不少相似之處。金星的半徑約為 6,073 千米，只比地球半徑小 300 千米，體積是地球的 88%，質量為地球的五分之四，平均密度略小於地球。儘管如此，兩者的環境卻是天壤之別：金星的表面溫度很高，不存在液態水，加上極高的大氣壓力和嚴重缺氧等殘酷的自然條件，金星上不大可能有生命存在。由此看來，金星和地球只是一對「貌合神離」的姐妹。

金星之最

從地球上看，金星在日出前或者日落後是最亮的。

金星是一顆和地球相似的行星，因為其質量與地球的類似。

金星是太陽系中唯一沒有磁場的行星，在八大行星中，金星的軌道最接近圓形。

書　　名　科學超有趣：宇宙

編　　繪　洋洋兔

責任編輯　郭坤輝

封面設計　郭志民

出　　版　小天地出版社（天地圖書附屬公司）
香港黃竹坑道46號
新興工業大廈11樓（總寫字樓）
電話：2528 3671 傳真：2865 2609
香港灣仔莊士敦道30號地庫（門市部）
電話：2865 0708　傳真：2861 1541

印　　刷　亨泰印刷有限公司
柴灣利眾街德景工業大廈10字樓
電話：2896 3687　傳真：2558 1902

發　　行　聯合新零售（香港）有限公司
香港新界荃灣德士古道220-248號荃灣工業中心16樓
電話：2150 2100　傳真：2407 3062

出版日期　2020年7月初版・香港
2023年11月第二版・香港

ISBN：978-988-74654-8-5